图1-1-3 计算机存储图片的方式

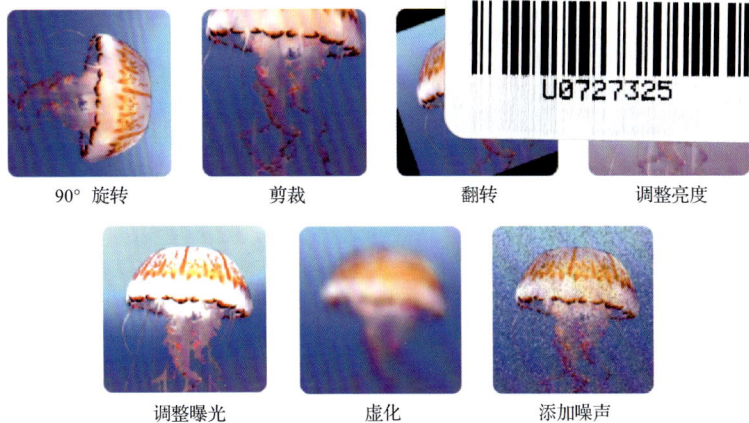

90°旋转　　剪裁　　翻转　　调整亮度

调整曝光　　虚化　　添加噪声

图1-1-13 imgaug中部分样本增广案例

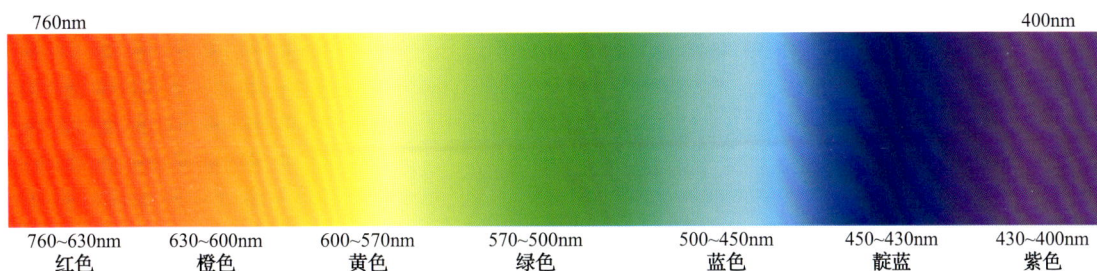

760nm

400nm

| 760~630nm | 630~600nm | 600~570nm | 570~500nm | 500~450nm | 450~430nm | 430~400nm |
| 红色 | 橙色 | 黄色 | 绿色 | 蓝色 | 靛蓝 | 紫色 |

图1-2-18 光谱特性

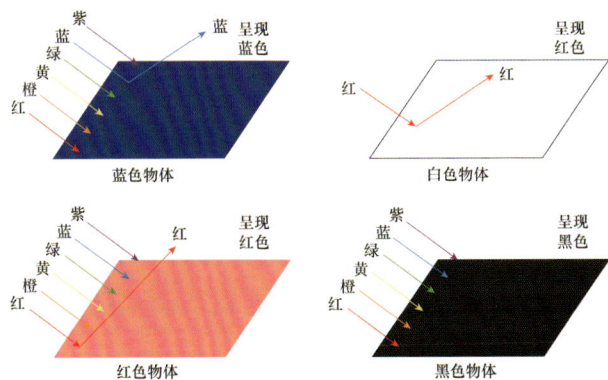

图1-2-19 物体颜色与光源颜色的关系

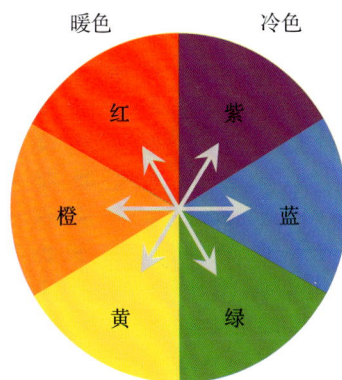

图1-2-20 三对互补色

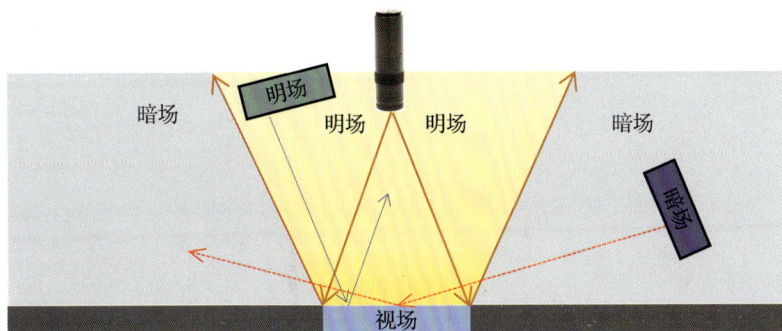

图1-2-22 明场照明和暗场照明示意图

  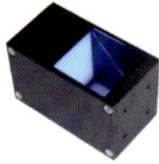 

| 环形光源 | 条形光源 | 同轴光源 | 面光源 | 圆顶光源 | 侧面导光源 |

图1-2-24 不同几何形状的LED光源

图1-2-25 待测样品

图1-2-31 待测酒瓶盖

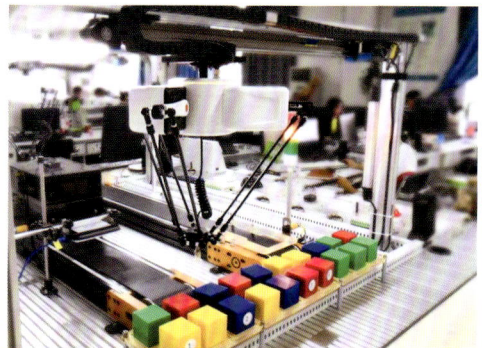

图4-1-1 机械臂对不同颜色方块进行分拣操作

图2-1-15 常规文本的行级标注和字符级标注

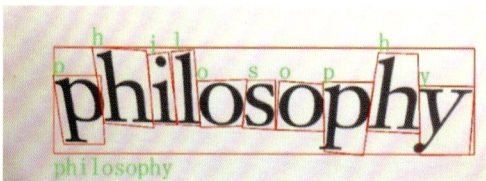

图2-1-16 拉丁语系文本的单词级标注和字符级标注

图4-2-3 彩色相机和黑白相机的成像细节

上海市职业教育"十四五"规划教材

职业教育人工智能领域创新型系列教材

机器视觉与产品检测

主　编　王珺荻　宫海兰

副主编　唐皓颖

参　编　刘尊尊　周　冉　易　伟

科学出版社

北　京

内 容 简 介

本书是职业院校工业机器人技术应用、人工智能技术应用等专业的专业技能课程用书。全书结合工业视觉系统运维员的岗位要求，选取产品字符检测、工业产品外观缺陷检测和产品分类分拣 3 个典型工业检测应用场景，带领学生开展需求分析、生产环境搭建、数据采集和标注、模型训练和部署等职业活动。本书以案例为任务载体，以职业能力为立足点，以技能训练为核心，对任务实训涉及的操作条件、操作步骤均有详细讲解，突出对学生实践能力的培养，具有鲜明的活页式教材特色。

本书既可作为职业院校人工智能相关专业的教材，也可供人工智能相关领域的爱好者自学使用。

图书在版编目（CIP）数据

机器视觉与产品检测 / 王珺萩，宫海兰主编. —北京：科学出版社，2023.9

（上海市职业教育"十四五"规划教材·职业教育人工智能领域创新型系列教材）

ISBN 978-7-03-075210-9

Ⅰ.①机… Ⅱ.①王… ②宫… Ⅲ.①计算机视觉－检测 Ⅳ.① TP302.7

中国国家版本馆 CIP 数据核字（2023）第 048371 号

责任编辑：陈砺川 / 责任校对：马英菊
责任印刷：吕春珉 / 封面设计：东方人华平面设计部

科 学 出 版 社 出版
北京东黄城根北街16号
邮政编码：100717
http://www.sciencep.com

三河市中晟雅豪印务有限公司印刷
科学出版社发行　各地新华书店经销
*

2023年9月第 一 版　开本：787×1092　1/16
2023年9月第一次印刷　印张：14 1/2　插页：1
字数：346 000
定价：49.80元
（如有印装质量问题，我社负责调换〈中晟雅豪〉）
销售部电话010-62136230　编辑部电话010-62135319-1028

为推进新型工业化，加快建设制造强国、质量强国，需要推动战略性新兴产业融合集群发展，构建新一代信息技术、人工智能、生物技术、新能源、新材料、高端装备、绿色环保等一批新的增长引擎。人工智能是引领新一轮科技革命和产业变革的战略性技术，具有溢出带动性很强的"头雁效应"。加快发展人工智能是赢得全球科技竞争主动权的重要战略抓手，是推动我国新一轮科技革命和产业变革深入发展，实现高水平科技自立自强的重要途径。

人工智能产业的发展，不仅需要顶尖的人工智能科学家、优秀的人工智能算法工程师、全面的人工智能应用型人才，也需要数量庞大的人工智能"数字蓝领"人才。在产业分工中，"数字蓝领"人才主要从事与人工智能相关的应用开发、系统集成与运维、产品销售与咨询、售前售后技术支持等支撑性工作。在这样的需求背景下，我国职业院校纷纷开设人工智能相关专业，但适合职业院校的学习材料，特别是教材较少。

机器视觉是人工智能的一个重要分支。本书结合工业视觉系统运维员的岗位要求，选取初识机器视觉与产品检测、产品字符检测、工业产品外观缺陷检测和产品分类分拣4个模块，通过生活化的简单任务介绍人工智能的基本概念、深度学习图形化工具"小信"的使用方法及搭建机器视觉系统的基本方法。在此基础上，循序渐进地带领学生开展需求分析、生产环境搭建、数据采集和标注、模型训练和部署等职业活动。编者将每个模块对应的职业能力分解出来，对学生每个职业能力的培养均以核心概念、学习目标、基本知识、能力训练、拓展阅读、课后作业六大块内容展开，通过以理论为辅、实践为主的理实一体化的方式，帮助学生真正掌握工业视觉系统运维员的核心技能。本书所涉及的基本概念都尽可能地采用浅显易懂的语言进行讲解，避免使用复杂的数学知识。

深度学习图形化工具"小信"是为了方便学生学习和掌握人工智能的基本概念和基本方法而专门开发的一款软件。事先将算法封装在"小信"内，学生只需要通过图形化界面调用算法、修改参数，就可以进行深度学习的训练和部署，这样有利于降低在校学习的难度，同时获得职场中必备的专业技能。

值得强调的是，本书由校企双元深度合作开发，充分体现产教融合特色，所采用的案例都是来自人工智能企业的真实案例，部分案例根据教学实际做了简化，方便学生在课堂内理解和掌握。通过对本书的学习，学生不仅可以掌握工业视觉系统运维员的基本工作技能，也可以掌握数据采集和标注的基本方法。

　　本书的另一大创新点是具有鲜明的活页式教材特色。书中以模块安排内容结构，并真正将任务对应的每个职业能力分解出来，使岗位能力清晰明了，随着岗位内容变化或技术更新，可与时俱进地修订或更换教学内容。

　　本书在编写、出版过程中，通过了上海市中小学教材审查委员会审核，成为上海市职业教育"十四五"规划教材，主要面向中等职业学校，也可作为高等职业院校、职业本科学校人工智能相关专业的教材，以及供人工智能相关领域的爱好者 自学使用。希望本书的出版能为这些专业的建设做出些许贡献。

　　本书由来自上海信息技术学校的王珺萩、宫海兰以及来自企业的唐皓颖、刘尊尊、周冉、易伟共同编写完成。王珺萩、谭移民（上海市教师教育学院、上海市教育委员会教学研究室）完成教材编写思路、教材目录和内容体例的设计，王珺萩、唐皓颖编写模块1和模块2，宫海兰、周冉编写模块3，宫海兰、刘尊尊编写模块4，易伟负责软件"小信"的开发和修改，王珺萩、宫海兰负责全书策划、统稿和数字资源的规划，并完成全书教学课件的设计与制作，各模块编写人员协作完成了数字资源的制作。在编写本书的过程中，编者得到了众多老师和行业专家的热心帮助。感谢杭州强光图像技术有限公司的倪中玉、伯朗特智能装备（余姚）有限公司的王艳青等行业专家提供的技术支持，感谢编者的家人给予的鼓励和支持。

　　由于编者水平有限，书中难免有疏漏之处，希望广大读者给予批评指正。

编　者

目 录

模块 1

初识机器视觉与产品检测

应用机器视觉进行产品检测是一项复杂的工程，对于初学者来说有一定难度。本模块通过一个生活化的应用实例"教会计算机认识一只猫"，让读者形象地感知计算机认识图片的过程和方式，从而初步了解模型的训练过程，并学习机器视觉系统硬件的基本搭建方法，为后续工业产品检测的学习做好准备。

▷ 模块学习目标

1. 能说明计算机存储图片的方式；
2. 能进行深度学习图形化工具的基本操作；
3. 能使用深度学习图形化工具进行数据标注；
4. 能初步训练和部署模型；
5. 能初步搭建基本的机器视觉系统；
6. 能初步构建机器视觉系统的光学系统。

任务 1-1 教会计算机认识一只猫

职业能力 1-1-1
能说明计算机存储图片的方式

一 核心概念

1 人工智能

人工智能（artificial intelligence，AI）是一门以计算机科学为基础，研究、开发用于模拟、延伸和扩展人的智能的理论、方法、技术及应用系统的新技术科学。人工智能领域的研究内容包括机器人、语音识别、图像识别、自然语言处理和专家系统等。

2 机器学习

机器学习（machine learning，ML）是人工智能的一个子集，是实现人工智能的一种方法。机器学习最基本的做法是使用算法来解析数据，从中学习，然后对真实世界中的事件做出决策和预测。与传统的用以解决特定任务的软件程序不同，机器学习是用大量的数据进行"训练"，通过各种算法从数据中学习如何完成任务。举个简单的例子，当浏览网上商城时，经常会出现推荐的商品信息。这是商城根据顾客购物记录和收藏清单，识别出其中哪些是他们可能感兴趣，并且愿意购买的商品。通过这样的决策模型，帮助商城为顾客提供建议并鼓励顾客消费。

机器学习是人工智能的核心之一，是使计算机具有智能的根本途径。

二 学习目标

- 说出人工智能、机器学习、机器视觉的概念。
- 能说明计算机中存储图片的方式。
- 说出使用大数据进行学习的方法。
- 知道我国人工智能领域的成就。

三　基本知识

1　什么是机器视觉和机器视觉系统？

机器视觉是人工智能领域正在快速发展的一个分支。简单来说，机器视觉就是用机器来代替人眼做测量和判断。

机器视觉系统通过机器视觉产品将被摄取目标转换成图像信号，传送给专用的图像处理系统，得到被摄目标的形态信息，然后将得到的像素分布、亮度和颜色等信息转变成数字信号；图像处理系统对这些数字信号进行各种运算以抽取目标特征，进而根据判别的结果控制现场的设备动作。机器视觉在机器学习中起着不可估量的作用。

2　什么是机器视觉系统工业产品检测？

在现代工业生产过程中，机器视觉系统与智能制造如影随形，被广泛地应用于产品尺寸检测、缺陷检测、产品识别、装配定位等方面。

传统的工业产品检测主要依赖人工来完成，是工业上最为消耗人力的环节之一。传统工业产品检测环境如图1-1-1所示，由于要求高、工作累，新员工平均需要七天才能上岗，一般需要两到三个月才能实现熟练操作，导致员工招聘非常困难。

图 1-1-1　传统工业产品检测环境

利用机器视觉工业检测系统可以实现工业检测环节的无人化、少人化，所有涉及人工视觉检测的环节都可以用机器来替代。现代工业产品检测环境如图1-1-2所示。

图 1-1-2 　现代工业产品检测环境

机器视觉工业检测技术的应用主要包括两类：一是高精度的定量检测，如工业零部件的尺寸检测；二是定性检测，如产品的外观检查、缺陷检测与装配完整性检测。

3　计算机中怎么存储图片？

计算机被认为是 20 世纪最先进的科学发明之一，它的出现对于整个人类科技的飞速发展有着重要的意义。

计算机所"看到"的图片与人眼所看到的非常不同。人眼看到的图片其实是由很多种颜色组成的，计算机中存储的图片则是由图片颜色排列出来的庞大数组来表示的。以图 1-1-3 为例，图（a）的宽度为 64 像素，高度为 64 像素，每像素位置都指向一种颜色，

图片数组阵列：[64×64×3]

(a) (b)

图 1-1-3 　计算机存储图片的方式

每种颜色有红、绿、蓝三个颜色通道，通过三元组（R,G,B）来表示。R表示红色通道，G代表绿色通道，B代表蓝色通道。R、G、B都各占一个字节，取值范围为0~255，如三元组（0,0,0）代表黑色，三元组（255,0,0）代表红色。由像素×像素×颜色通道数，即构成64×64×3的数组，这个数组包含了12288个数字。通过存储这些数字组成的庞大数组，计算机就存储下来一张完整的图片。

（四）能力训练

有些人类觉得很困难的事情，计算机做起来却非常简单，如数据分析、高速计算。同时也有一些人类觉得很容易的事情，如感知视觉、描绘感觉，对于计算机来说却很难。虽然计算机在一些领域超过了人类，但是在人类不需要思考就能完成的领域与人类还相差很远。

现在就来学习计算机认识图片的过程。

（一）操作条件

本操作需要使用具备常规功能的计算机。

（二）操作过程

操作步骤及对应的质量标准如表1-1-1所示。

表1-1-1　操作步骤及其质量标准

序号	步骤	质量标准
1	说明照片所描述的场景	可以正确描述照片所描述的场景
2	了解图片分类任务的复杂性	可以说明图片分类中，可能遇到的情况包括视角变换、尺度变换、变形、遮挡、光照、背景干扰、类内差异等情况。
3	了解使用大数据进行学习的方法	了解卷积神经网络的概念，能准确说明人工智能的三大基石

操作步骤详解如下。

▶ 步骤1　说明照片所描述的场景

这个任务非常简单，相信每位同学都可以很轻松地说明图1-1-4中照片所描述的场景。实际上，一个3岁左右的小孩就可以非常轻松地完成这样的任务。

但是，这样的任务对于计算机来说却太难了。现在从一个看似简单的任务开始：给计算机一张"猫"或"狗"的图片，让计算机给图片添加一个简单的标签——如"猫"或者"狗"，这样的任务称为"图片分类"。图片分类是机器视觉中一个非常核心的问题，有十分重要的实际应用。

▶ 步骤2　了解图片分类任务的复杂性

在计算机的世界里，只有数字。由前述所知，在计算机中，图片被存储为一个非常大的数组。给计算机输入一张"猫"的图片，它怎么才能输出一个"猫"的标签呢？

图1-1-4　不同的日常生活场景

或许可以把猫抽象为由一些形状和颜色拼凑起来的图案，用数学语言告诉计算机这种算法："猫"有着圆脸、胖身子、两个尖尖的耳朵，还有一条长尾巴，如图1-1-5所示。

猫

图1-1-5　一种可能的猫的识别算法

但是，这种方法很难扩展，即便是同一种类对象，它的形态也是千变万化的。如图1-1-6所示，仅仅是家养的宠物猫，都可以呈现出无限种变化的外观模型。这使人们不

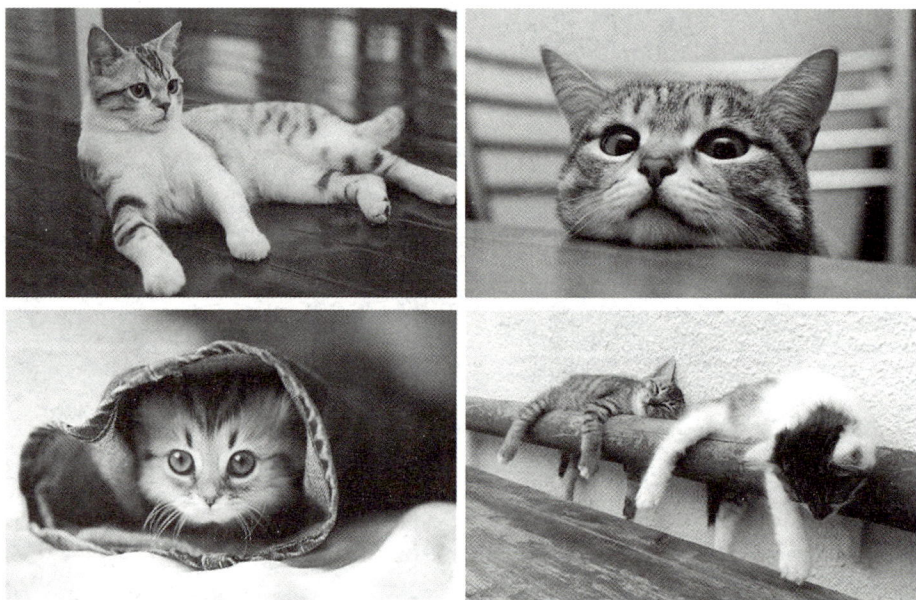

图 1-1-6　形态各异的猫

得不加入一些别的形状和视角来描述这个对象模型，而这还仅是描绘一类对象中的一个的模型。

实际上，在图片分类任务中可能遇到的情况包括视角变换、尺度变换、变形、遮挡、光照、背景干扰、类内差异等，一个好的图片分类模型必须不受上述各种情况的影响。为了解决这些问题，科学家们尝试了非常多的算法，但是效果一直不是特别理想。

▶ 步骤3　了解使用大数据进行学习的方法

回想一下人类小时候是怎么学会认识一只猫的。父母会给孩子一些图册，上面有猫、狗或其他动物的图片，他们会指着图片告诉孩子，这是猫、狗或是其他动物。在孩子外出看到猫、狗或其他动物时，父母又会告诉他们，这就是猫、狗或是其他动物。

如果把人类的眼睛看作生物照相机，这个照相机每200ms（眼球转动一次的平均时间）就拍一张照片，那么一个孩子到3岁的时候已经看过上亿张真实世界的图片。这种"训练图片"的数量和质量都极其惊人。

根据这样的观察，科学家们改变了之前的思路，不再只关注不断优化算法，而是考虑给算法提供足够的训练数据。2007年，科学家们发起了ImageNet计划，利用众包技术筛选、排序、标记了接近10亿张备选图片。2009年，ImageNet项目形成了一个包含1500万张图片的数据库，涵盖了22000种物品。无论是在图片质量上还是在数量上，这都是一个规模空前的数据集，如图1-1-7所示。

2012年，科学家们发现，ImageNet数据集提供的海量信息可以很好地匹配一些特定类别的机器学习算法，这类算法称为"卷积神经网络"，其示意图如图1-1-8所示。对卷积神经网络的研究开始于20世纪八九十年代。

图 1-1-7　ImageNet 数据集

就像大脑由数十亿紧密联结的神经元组成，卷积神经网络里最基础的运算单元也是一个"神经元式"的节点。每个节点从其他节点处获取输入信息，然后把自己的输出信息交给另外的节点。此外，这些成千上万甚至上百万的节点都被按等级分布于不同层次，就像大脑。本书中不再展开这个算法的细节。

随着深度学习理论的提出和数值计算设备的改进，卷积神经网络得到了快速发展。2015年，卷积神经网络在 ImageNet 数据集上的性能预测错误率达到 4.94%，第一次低于人类的预测错误率（5.1%）。卷积神经网络推动了人工智能的深度学习技术走向实用。

图 1-1-8　卷积神经网络示意图

深度学习的成就，在更大程度上是由数据量增加及计算能力增加而非算法的改进所带来的，这就是使用大数据进行学习的方法。数据、算力和算法，构成了人工智能的三大基石。

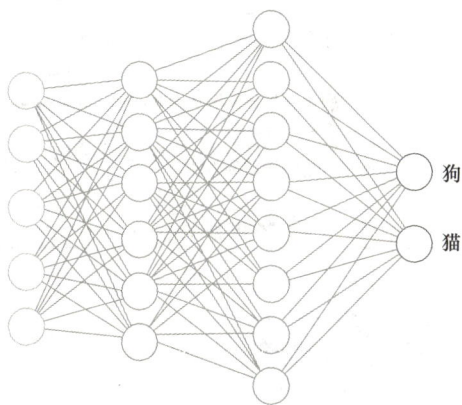

问题情境

问题 1　科幻电影里的人工智能可以实现吗？

提示： 人工智能可以分为弱人工智能和强人工智能。目前市场上所见到的人工智能都是弱人工智能，能够帮助人们解决特定领域的特定问题。强人工智能能够执行"通用任务"。在科幻电影中所想象出的那种人工智能就是强人工智能，而这部分在目前的现实世界中难以真正实现。

问题 2　在校园中、生活中、手机中，有哪些人工智能应用？

提示： 校园中，人工智能的应用有人脸识别闸机、人脸识别门禁、人工智能安防摄像头等。

生活中，人工智能的应用有扫地机器人、智能音箱、自动驾驶系统等；手机中应用语音输入法、智能美图、新闻推荐、智能搜索排序等。

（三）学习结果评价

请将学习结果评价填入表1-1-2中。

表1-1-2　学习结果评价

序号	评价内容	评价标准	评价结果（是/否）
1	了解人工智能、机器学习	能正确说出人工智能、机器学习的概念	
2	了解机器视觉	能正确说出机器视觉的概念	
3	了解计算机存储图片的方式	能说明计算机存储图片的方式	
4	了解图片分类任务的复杂性	能说明图片分类中，可能遇到视角变换、尺度变换、变形、遮挡、光照、背景干扰、类内差异等情况	
5	使用大数据学习的方法	能说出卷积神经网络的概念，能准确说出人工智能的三大基石	
6	我国人工智能领域的主要成就	能举例说明我国在人工智能领域的成就	

五　拓展阅读

互联网的发展构建了地球村，人工智能的发展正在点亮智慧地球村。2017年7月20日，国务院发布了《新一代人工智能发展规划》，制定和实施人工智能发展国家战略，从国家层面对人工智能发展进行了统筹规划和顶层设计，提出建设世界主要人工智能创新中心发展目标，并在人工智能科技创新体系、智能经济、智能社会、军民融合、智能化基础设施、重大科技项目等方面做出了系统部署。

目前，我国人工智能企业数量和人工智能专利申请数都位居世界前列，特别是计算机视觉与图像、智能机器人和自然语言处理等领域已经处于世界领先水平。百度、腾讯、阿里巴巴、美团等互联网企业在搜索、驾驶、家居、人机交互、制造、交通等多个领域大力推进"人工智能+"。科大讯飞、商汤科技等企业分别在智能语音技术、智能图像识别技术等领域取得重大突破，相关人工智能技术多次斩获国际大奖，并被广泛应用在互联网、电信、金融、电力等行业。大疆无人机、京东无人车、新松智能机器人等新型智能设备的发展和广泛应用，正在推动人工智能产业和传统产业加速深度融合。

科技是国之利器，人工智能的发展势不可当，新一轮产业变革和科技革命的窗口已经开启，人工智能正在成为决定一个国家未来竞争力的关键性要素之一。人工智能的发展对企业发展、产业变革、经济增长、国际竞争力和社会演进都将会产生重大而深远的影响，它是实现我国高水平科技自立自强的重要支撑。

课后作业

职业能力编号：_____

班级：_____　　姓名：_____　　日期：_____

1. 请说一说计算机是如何存储图片的。

_____

_____

_____

_____

2. 人工智能的三大基石是什么？

_____

_____

_____

_____

3. 请举例说明我国在人工智能产业领域的成就。

_____

_____

_____

_____

职业能力 1-1-2
能进行深度学习图形化工具的基本操作

一　核心概念

1　深度学习

深度学习（deep learning，DL）是机器学习领域中一个新的研究方向，是当前机器学习最热门的方法。深度学习是指学习样本数据的内在规律和表示层次，这些在学习过程中获得的信息对诸如文字、图像和声音等数据的解释有很大帮助。它的最终目标是让机器能够像人一样具有分析学习能力，能够识别文字、图像、声音等数据。

深度学习的基本特点是试图让机器模仿人类大脑的神经元之间传递、处理信息的模式。在解决了训练数据量不足、计算能力落后的问题后，深度学习轻而易举能实现人工智能各种任务，如人脸识别、自动驾驶，以及本书中要学习的产品检测。

2　深度学习算法的基本流程

（1）采集并标注数据。首先需要采集足够的高质量的数据样本，并对数据样本进行标注，形成数据集。如在工业场景下进行产品缺陷检测时，需要采集产品缺陷的样本。

（2）进行样本增广。当数据不足时，算法模型的训练效果会比较差。这时可以通过样本增广的方式对已有的图像数据进行处理，人为地生成大量新的图像，以此扩充数据集。

（3）进行模型训练。设置模型的训练参数后，调用深度学习算法进行模型训练，训练参数包括迭代轮数（epoch）、学习率（learning rate）和批大小（batch size）等。

（4）完成模型训练。达到一定的训练标准后，可以完成对模型的训练。

（5）部署模型。在实际的生产环境中对模型进行部署和调优。

深度学习算法的基本流程如图1-1-9所示。

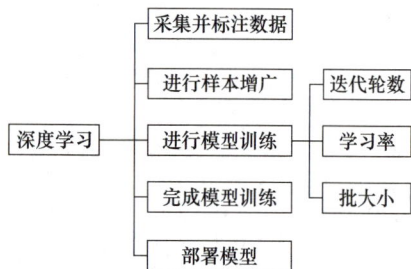

图1-1-9　深度学习算法的基本流程

二　学习目标

- 说出深度学习的概念，能熟练操作深度学习图形化工具"小信"。
- 分析在工业场景下产品缺陷样本较难收集的原因。

- 说明样本增广的基本方法。
- 说出训练集、测试集、验证集三个概念及数据集切分的比例。
- 说出迭代轮数、学习率、批大小的概念。

三 基本知识

利用深度学习算法进行模型的开发训练，需要前置学习大量的数学知识，如微积分、线性代数、概率论等。考虑到本书的读者多为中职学生，本书将不深入阐述算法的细节。

为此，编者们编写了深度学习图形化工具"小信"，将算法封装在"小信"内。读者可以使用内置的算法开展基础的学习，了解深度学习算法训练和部署的整个过程。

1 在工业场景下，有时候产品缺陷样本较难收集，这是为什么？

产生这个问题的原因主要有以下三点。

（1）产品良率过高，缺陷样本难收集。

（2）小批量多品种生产，缺陷样本未收集完成便已换型。

（3）缺陷形态多样，具有长尾效应，无法遍历所有缺陷。

在上述情况下，数据不足导致算法模型训练的效果会比较差，通常需要进行样本增广。

2 迭代轮数、批大小的含义是什么？能举例说明它们的作用吗？

迭代轮数是指训练的次数，每一轮训练都是在上一轮训练的基础上进行的。通常来说，随着迭代轮数的增加，训练的效果会越来越好。通俗地理解，这就像通过课本里的内容来掌握知识，随着一遍遍地学习、复习，就会对课本里的知识掌握得越来越深入。

批大小是指当训练数据过多时，无法一次性训练所有数据，比如，每次只训练若干张图片，这些图片的张数就称为批大小。这就像每堂课学习所能掌握的知识是有限的，每次上课老师只能讲授一本书中的一部分内容。

3 怎么通俗地理解学习率这个概念？

以打靶为例，小信同学拿了一支步枪打靶，目标是命中靶心。第一次打靶后，命中图 1-1-10 中 1 的位置；于是第二次打靶时，小信同学有意识地向右侧偏几毫米，命中了图 1-1-10 中 2 的位置；如此反复几次，在第五次的时候命中靶心。

每次打靶的弹着点和靶心的差距即为误差，可以用一个误差函数（也称为损失函数）来表示，如图 1-1-10 中的蓝色箭头所示。每次调整的角度和方向可以用图 1-1-10 中黑色箭头表示，即称为步长或

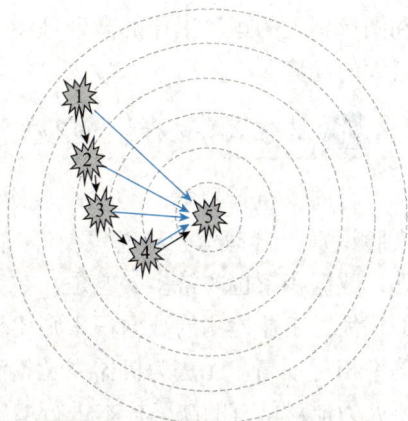

图 1-1-10 学习率示意图

者学习率。学习率不能太小也不能太大。如果学习率太小，命中靶心所消耗的时间就会很长，如图 1-1-11（a）所示；如果学习率太大，弹着点就会左右横跳，不利于神经网络的训练，如图 1-1-11（b）所示。

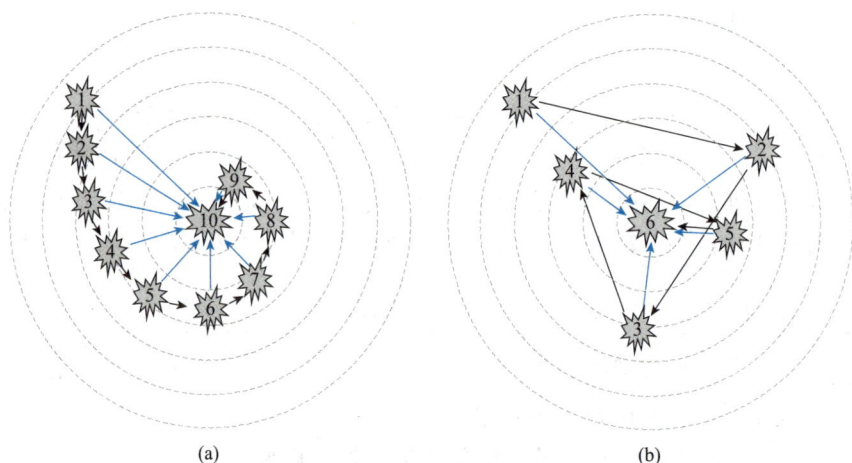

图 1-1-11　学习率太小与太大示意图

4　什么是YOLOV5算法？

YOLO，英文全称为you only look once，是一系列基于深度学习的回归方法。目前比较常用的版本为第5代版本，称为YOLOV5。YOLOV5运算速度快，模型较小，准确度高，是目前主流的深度学习算法之一。本书使用YOLOV5进行目标检测。

5　什么是GPU？

GPU（graphics processing unit）指图形处理器，又称显示核心、视觉处理器、显示芯片，是一种专门在个人电脑、工作站、游戏机和平板电脑、智能手机上，用于处理与图像和图形相关的运算工作的微处理器。拥有强大的计算能力，在深度学习的模型训练中有着极大的优势。

6　为什么要进行样本增广？样本增广的方法有哪些？

目前，机器视觉已经在许多领域得到了应用，如医疗图像处理、工业产品缺陷检测、人脸识别、自动驾驶导航等。经过多年的发展，关于人脸识别的算法和方案已经相对成熟，数据积累也非常多。但是，在工业制造领域，情况则完全不同。相比海量的人脸数据的积累，工业检测的数据积累则比较困难。在工艺高度成熟的制造领域，单一零部件的缺陷率相对不高，无法为机器视觉检测提供充足的样本，如图 1-1-12 所示。因此，有时候需要人为地对已有的缺陷样本进行增广。那么，样本增广有哪些方法呢？

样本增广的方法有工程方案和算法方案两大类。

工程方案采用直接在产品上制造缺陷。这一方法有一定的缺点，如高价值产品破坏成本高、产生数量有限。此外，真实缺陷由非受控因素产生，而人工制造的缺陷形态不一定与实际情况相符合。

算法方案主要是利用算法手段进行数据增强，在小样本下可以保证模型的学习效果。算法方案常用的数据增强方法包括平移、缩放、旋转、随机裁剪。

图 1-1-12　单一零部件缺陷率不高

在深度学习图形化工具"小信"中，调用机器学习中常用的图像增强库 imgaug 进行样本增广，如图 1-1-13 所示。imgaug 是一个封装好的用来进行图像增强的 Python 库。这个库的功能非常全面，并且有丰富的文档支持，能满足大多数数据增强的需求。

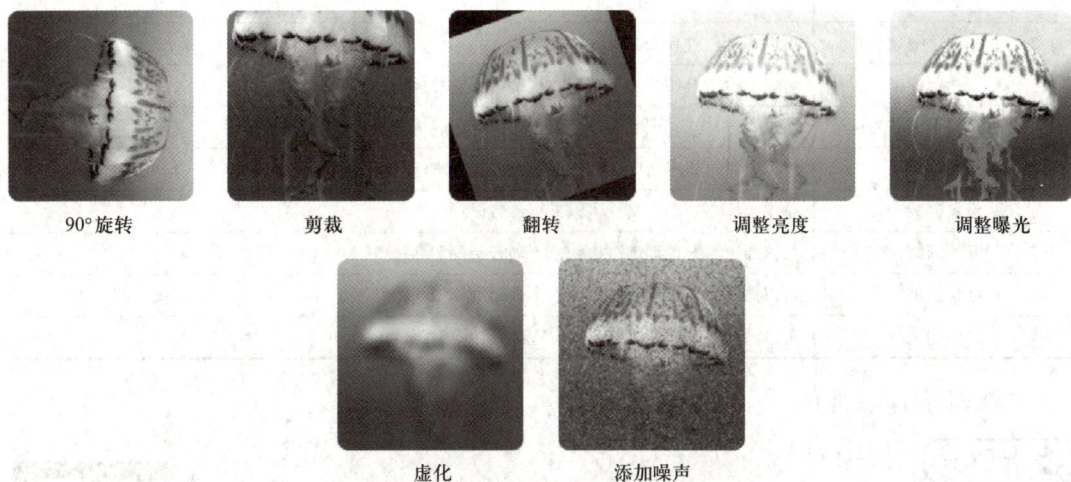

90° 旋转　　　剪裁　　　翻转　　　调整亮度　　　调整曝光

虚化　　　添加噪声

图 1-1-13　imgaug 中部分样本增广案例（见彩图）

在数据不足的情况下使用样本增广的数据辅助学习，称为小样本学习。

样本增广的常见样本变换有以下几种。

（1）翻转图片：这种方法不同于旋转 180°，而是做一种类似镜面的翻折。

（2）旋转图片：顺时针或者逆时针旋转图片。

（3）图像缩放：放大或缩小图片。

（4）图像剪裁：随机从图像中选取一部分，将这部分图像裁剪出来，然后调整为原图像的大小。

（5）图像平移：将图像沿着 x 轴方向或者 y 轴方向（或者两个方向）移动。

（6）添加噪声：如向图像中添加各种类型的黑点、白点等噪声。

应用深度学习图形化工具"小信"教会计算机认识一只猫。

（一）操作条件

本操作需要使用具备常规功能的计算机，并在计算机中安装深度学习图形化工具"小信"。

（二）操作过程

操作步骤及对应的质量标准如表1-1-3所示。

表1-1-3　操作步骤及其质量标准

序号	步骤	质量标准
1	打开软件	可以正确打开"小信"软件
2	初步了解软件界面	可以识别软件界面
3	开始标注	可以通过"开始标注"按钮，正确进入图片标注环境
4	选择训练图片目录	可以通过"选择训练图片目录"按钮，正确选择图片目录
5	样本增广	可以通过"样本增广"按钮，正确进行样本增广
6	设置参数	基本了解参数的含义，可以进行参数设置
7	开始训练	可以通过"开始训练"按钮，正确开始模型训练
8	结束训练	可以通过"结束训练"按钮，正确结束模型训练
9	开始测试	可以通过"开始测试"按钮，正确开始模型测试

操作步骤详解如下。

步骤1　打开软件

在桌面上，双击打开深度学习图形化工具"小信"。"小信"图标如图1-1-14所示。

步骤2　初步了解软件界面

深度学习图形化工具"小信"的使用非常便捷，包含人工智能训练的几个基本步骤。深度学习图形化工具"小信"主界面如图1-1-15所示。

图1-1-14　"小信"图标

步骤3　开始标注

在主界面单击"开始标注"按钮后，进入图片标注界面，如图1-1-16所示。这里可以先自行尝试对图片进行标注，职业能力1-1-3将详细介绍图片标注的具体方法。

步骤4　选择训练图片目录

在图片标注完成后，在主界面单击"选择训练图片目录"按钮，选择数据集所在的目

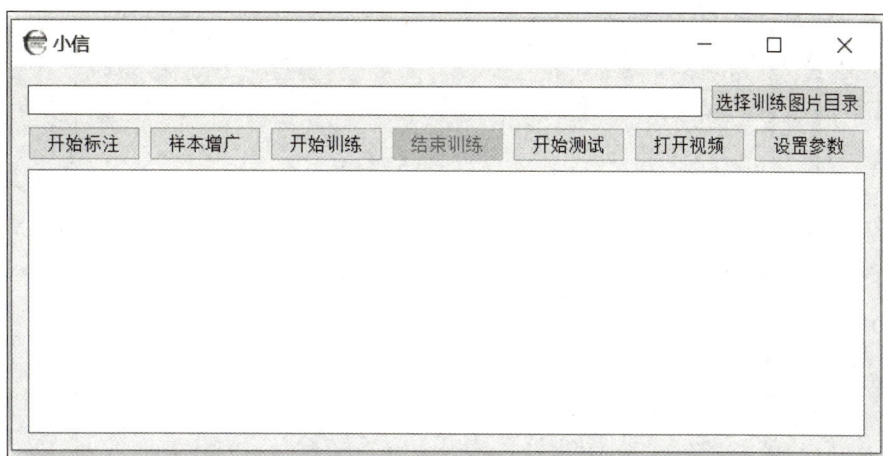

图1-1-15　"小信"的主界面

图1-1-16　"小信"图片标注界面

录，准备开始训练。例如，选择"数据集\猫"这个目录，如图1-1-17所示，并对该目录下的数据进行训练，获得一个可以识别猫脸的算法模型。

▶ 步骤5 样本增广

在主界面单击"样本增广"按钮后，可以对已经标注好的图片进行样本增广。"小信"将会在刚才选择的图片目录下对已标注的数据进行增广，并在该图片目录下新增一个文件夹"work_pa\augout"，存入所增广的样本。一张猫的图片被进行样本增广后，如图1-1-18所示。

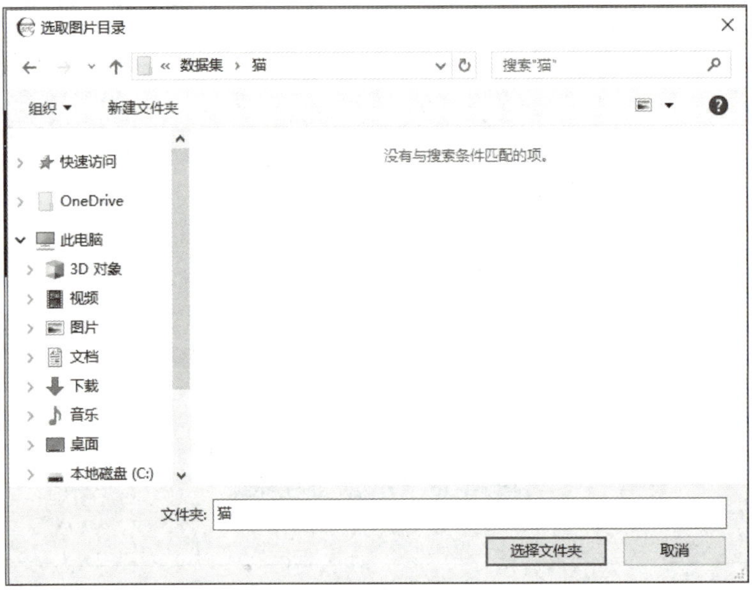

图1-1-17 选择图片目录

图1-1-18 样本增广示例

▶ **步骤6**　设置参数

在主界面单击"设置参数"按钮后，会进入设置参数界面。该界面分为模型设置、模型参数、训练参数、优化策略四部分，如图1-1-19所示。

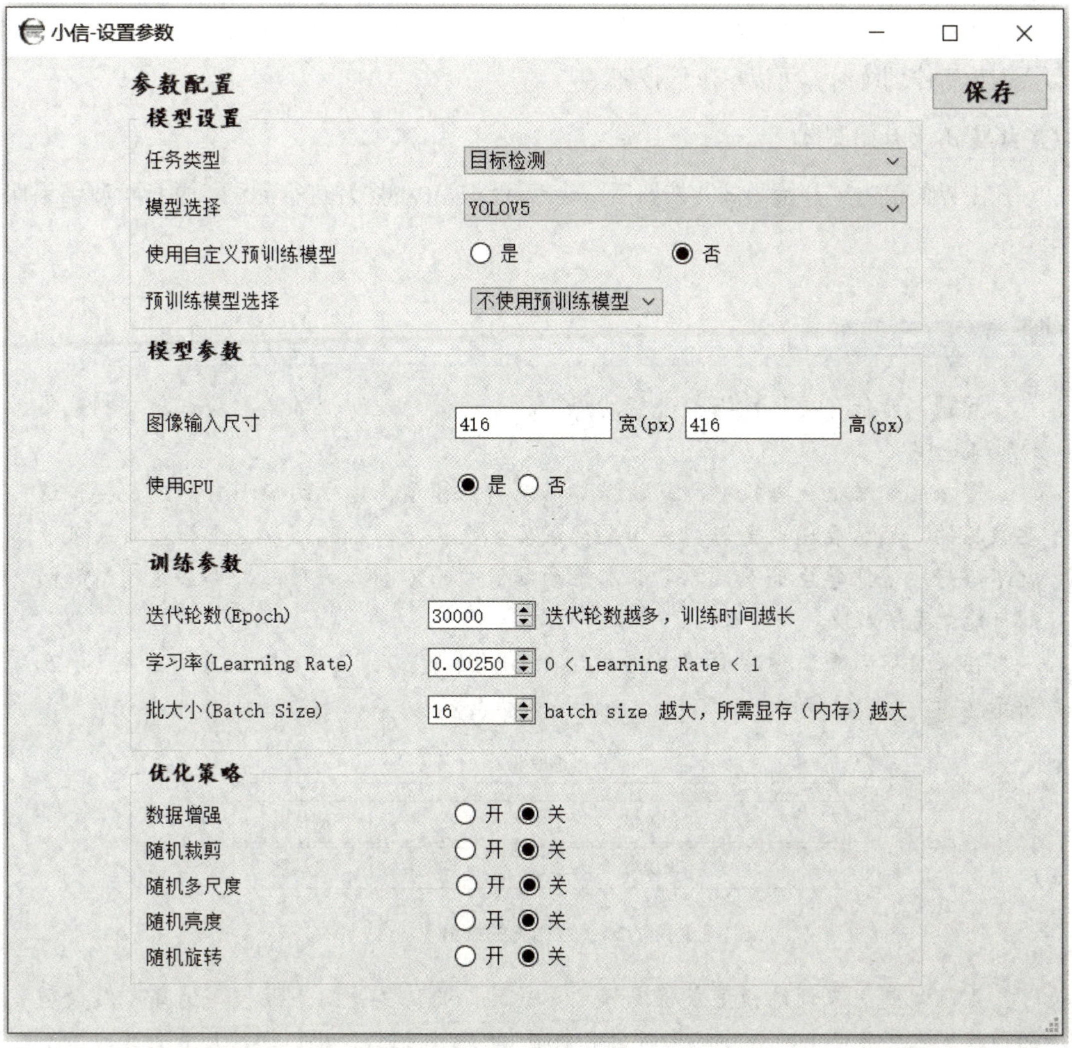

小信-设置参数　　　　　　　　　　　　　　　　　　　　　— □ ×

参数配置　　　　　　　　　　　　　　　　　　　　　　　　**保存**

模型设置

任务类型　　　　　　　目标检测　　　　　　　　　　　∨

模型选择　　　　　　　YOLOV5　　　　　　　　　　　∨

使用自定义预训练模型　　○ 是　　　　● 否

预训练模型选择　　　　不使用预训练模型 ∨

模型参数

图像输入尺寸　　　　416　宽(px)　416　高(px)

使用GPU　　　　　　● 是 ○ 否

训练参数

迭代轮数(Epoch)　　30000 ▲▼　迭代轮数越多，训练时间越长

学习率(Learning Rate)　0.00250 ▲▼　0 < Learning Rate < 1

批大小(Batch Size)　　16 ▲▼　batch size 越大，所需显存（内存）越大

优化策略

数据增强　　　　○ 开 ● 关

随机裁剪　　　　○ 开 ● 关

随机多尺度　　　○ 开 ● 关

随机亮度　　　　○ 开 ● 关

随机旋转　　　　○ 开 ● 关

图 1-1-19　设置参数

模型设置包括对任务类型、模型选择、预训练模型选择的设置。在本书中主要处理的任务类型为目标检测。此外，常见的任务类型还有图像分类、语义分割、实例分割、光学字符识别（optical character recognition，OCR）等。

模型参数包括设置图像输入尺寸和是否使用GPU。图像输入尺寸是指在模型中输入的所有图片都统一拉伸为某个固定的尺寸。

训练参数包括对迭代轮数、学习率和批大小的设置。

▶ **步骤7**　开始训练

在主界面单击"开始训练"按钮后，会自动将数据集切分为训练集（training set）、验证集（validation set）和测试集（testing set），并开始训练算法模型。

▶ **步骤8**　结束训练

在主界面单击"结束训练"按钮后，会结束当前的算法训练。当算法模型仍在训练中而要人为暂停训练时，可以单击该按钮。

▶ **步骤9**　开始测试

在主界面单击"开始测试"按钮后，会对测试集中的图片进行测试，并把检测结果保存下来。

问题情境

问题　为什么要将数据集进行切分？怎么通俗地理解训练集、验证集与测试集这些概念呢？

提示：如果把数据集中所有数据都用来训练模型，建立的模型自然是最契合这些数据的，测试表现也会好。但如果换成其他数据集进行测试，这个模型效果可能就不够好。就像学生如果只学习课本上的知识，而不会举一反三，那么遇到新的问题可能就无法解决。

在深度学习中，通常要将数据集切分为训练集、验证集与测试集，如图1-1-20所示。

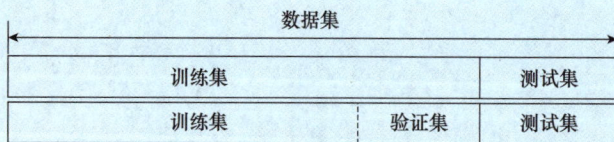

数据集		
训练集		测试集
训练集	验证集	测试集

图1-1-20　数据集的切分

训练集是用来训练模型或确定模型参数的；验证集是用来做模型选择（做模型的最终优化及确定）的；测试集则是用来测试已经训练好的模型的推广能力的。

通俗地说，训练集是课本，学生根据课本里的内容来掌握知识；验证集是作业，通过作业可以知道不同学生的学习情况、进步速度的快慢；测试集是考试，考的题目是平常没有见过的，可以考查学生举一反三的能力。

一般来说，切分训练集、验证集、测试集的比例是6：2：2。有些时候，验证集不是必需的，可以将数据集切分为训练集和测试集，通常两者的切分比例为8：2。

（三）学习结果评价

请将学习结果评价填入表1-1-4中。

表1-1-4　学习结果评价

序号	评价内容	评价标准	评价结果（是/否）
1	人工智能、机器学习、深度学习三者关系	能区分这三个概念及它们之间的关系	
2	会深度学习图形化工具"小信"的基本操作	可以正确打开软件，进入图标标注界面，选择图片目录，进行参数设置，进行样本增广	
3	工业产品缺陷收集难度	能说出在工业场景下，产品缺陷样本较难收集的原因	
4	样本增广的方法	能说出样本增广的工程方案和算法方案的常用方法	
5	数据集切分	可以正确区分和理解训练集、测试集、验证集三个概念，并说明数据集切分的比例	
6	迭代轮数、学习率、批大小	可以举例说明迭代轮数、学习率、批大小的作用	

五　拓展阅读

世界人工智能大会（World Artificial Intelligence Conference，WAIC）由国家发展和改革委员会、工业和信息化部、科学技术部、国家互联网信息办公室、中国科学院、中国工程院、中国科学技术协会和上海市人民政府共同主办。

2018年9月17日，首届世界人工智能大会在上海举办。国家主席习近平向大会致信，对大会的召开表示热烈祝贺，向出席大会的各国代表、国际机构负责人、专家、学者、企业家等各界人士表示热烈欢迎。参会的演讲嘉宾包括获得图灵奖、诺贝尔奖的学术界领军人物50多人，产业界代表100多人，以及国际组织和国外政要等，参加人工智能应用体验和展览展示的企业超过150家。此后，世界人工智能大会逐步成长为全球人工智能领域颇具影响力的行业盛会。

历届世界人工智能大会的主题如表1-1-5所示。

表1-1-5　历届世界人工智能大会的主题

年份	主题	年份	主题
2018	人工智能赋能新时代	2021	智联世界　众智成城
2019	智联世界　无限可能	2022	智联世界　元生无界
2020	智能世界　共同家园		

课后作业

职业能力编号：_____

班级：_____　　　姓名：_____　　　日期：_____

1. 在人工智能的深度学习中，为什么要使用大量的数据？

----

2. 请说明在工业场景下，产品缺陷样本较难收集的原因。这个问题有哪些解决方案？

----

3. 请将以下概念进行连线，并说明它们之间的类比关系。

训练集　　　　　　　　　作业

测试集　　　　　　　　　考试

验证集　　　　　　　　　课本

4. 请画出深度学习图形化工具"小信"的操作流程。

职业能力 1-1-3
能使用深度学习图形化工具进行数据标注

一　核心概念

1　数据标注

数据标注是对未处理的初级数据（包括语音、图片、文本、视频等）进行加工处理，并转换为机器可识别信息的过程。

数据标注是大部分人工智能算法得以有效运行的关键环节。数据标注越准确、标注的数据量越大，算法的性能就越好。

2　标注框

拉框标注是最基本的数据标注形式，主要包括2D标注框（图1-1-21）和3D标注框（图1-1-22）。

图 1-1-21　2D标注框

图 1-1-22　3D标注框

3　数据标签

数据标签是指给所标注的数据设定一定的属性，一般是从既定的标签中选择所标注数据对应的标签。

二　学习目标

• 简述数据标注、标注框和数据标签的概念。

- 知道数据资产的保护方式。
- 会对数据进行清洗。
- 会使用深度学习图形化工具"小信"进行数据标注。
- 会对标注框和数据标签进行修改。
- 会使用快捷键进行数据标注的操作。
- 会添加多个不同的数据标签。
- 从人工智能的发展坚定走中国特色社会主义道路的自信。

三　基本知识

1　什么是脏数据？什么是数据清洗？

在人工智能中，脏数据指的是那些不完整、不准确、不一致或者存在错误的数据。这些数据可能是由于各种原因导致的，包括人为错误、系统故障或者不完美的数据采集过程。

脏数据会对机器学习算法产生负面影响，因为它们可能会引入噪声和不确定性，从而降低算法的精度和可靠性。如果机器学习模型在训练时使用了脏数据，模型预测的结果将有较大的误差，它将无法正确识别和分类新的数据，也就是说，模型的预测结果将具有较高的误差率。

因此，在使用人工智能算法进行分析和决策之前，必须先清洗和规范化脏数据，这就是数据清洗。这个过程可以通过各种技术来实现，例如数据清洗、去重、格式转换等，以确保数据质量的高度准确性和一致性。

例如，假设要训练一个猫脸的识别模型，为此利用爬虫工具，以猫为关键词，从网上下载了大量的图片。在这些图片中，有时候会混入一些不需要的数据，即脏数据，如图1-1-23所示，这时就需要对这些脏数据进行清洗。

2　什么是数据资产的安全管理？

在制造业企业中会涉及很多敏感数据，这些数据都是企业的资产，需要确保数据资产的安全。最基本的保护方式是让所使用的计算机不与外网直接连接，还可以通过私有云部署、内外网络隔离、实时数据流量监控等方式对其进行管理。

3　什么是人工智能训练师？

从2020年开始，人工智能训练师正式成为新职业并纳入国家职业分类目录。

人工智能训练师隶属软件和信息技术服务人员小类，主要工作任务包括：标注和加工原始数据，分析提炼专业领域特征，训练和评测人工智能产品相关的算法、功能和性能，设计交互流程和应用解决方案，监控分析管理产品应用数据、调整优化参数配置等。

图 1-1-23　需清洗的数据示例

随着人工智能在智能制造、智能交通、智慧城市、智能医疗、智能农业、智能物流、智能金融及其他行业的广泛应用，人工智能训练师的需求规模将迎来爆发式增长。

4　什么是数据标注产业?

人工智能的基础是数据，没有数据也就不会有人工智能。数据标注可以说是人工智能时代的"卖水人"[①]，提供的是人工智能时代的基础设施。

数据对于人工智能产业的重要性就如同石油对于工业一样。人工智能需要学习大量带有标签的数据，这样才能输出有价值的结果。数据标注产业就是人工智能时代的"炼油厂"，可以将原始数据转化为第四次工业革命的燃料。数据工厂的工人就是第四次工业革命的产业工人。

数据标注已经发展成为一个庞大的产业。"有多少人工，就有多少智能"，数据的生产过程需要大量的人工。截至 2021 年，全国已经有 30 万全职人工智能训练师。

本小节从基础的拉框标注出发，来学习数据标注所需要的基本技能。

（四）　能力训练

应用深度学习图形化工具"小信"对猫进行数据标注。

---

① "卖水人"一词最早来自19世纪的美国淘金热。相比绝大多数失败的淘金者，给淘金者卖水的人反而积累了财富。这种卖水效应广泛存在于各个领域。

（一）操作条件

本操作需要使用具备常规功能的计算机，并在计算机中安装深度学习图形化工具"小信"。

（二）操作过程

操作步骤及对应的质量标准如表1-1-6所示。

表1-1-6 操作步骤及其质量标准

序号	步骤	质量标准
1	数据清洗	了解脏数据的概念，可以正确识别和删除脏数据
2	打开软件	可以正确打开软件
3	进入标注环境	可以通过"开始标注"按钮，正确进入图片标注环境
4	选择所要标注的数据集	可以通过"打开文件夹"按钮，正确选择所要标注的数据集
5	选择标注结果的保存文件夹	可以通过"保存文件夹"按钮，正确选择标注结果的保存文件夹
6	选择标注数据的保存格式	了解并可以正确选择标注数据的两种保存格式
7	创建标注框和数据标签	可以正确创建标注框和数据标签，在有需要的时候可以对标注框和数据标签进行修改
8	保存标注结果	可以正确保存标注结果
9	标注其他图片	可以正确标注其他图片

操作步骤详解如下。

▶ 步骤1 数据清洗

打开"数据集\猫"，使用人眼快速检查数据集中是否存在质量较差的脏数据。若有，则手动将其删除。

▶ 步骤2 打开软件

在桌面上打开深度学习图形化工具"小信"。

▶ 步骤3 进入标注环境

单击图1-1-15中主界面的"开始标注"按钮，调出图片标注界面，如图1-1-16所示。

▶ 步骤4 选择所要标注的数据集

将文件夹"数据集\猫"中所有猫的脸部标记出来。

单击图1-1-16界面左侧的"打开文件夹"按钮，打开文件夹"数据集\猫"。此时右下角的"File List"框中会显示该文件夹下的所有文件。

▶ 步骤5 选择标注结果的保存文件夹

单击图1-1-16界面左侧的"保存文件夹"按钮，默认图片保存在同一个文件夹下。

▶ **步骤6**　选择标注数据的保存格式

在图1-1-16"保存"按钮的下方，有"PascalVOC"按钮，单击该按钮后，会出现PascalVOC或YOLO图标，如图1-1-24所示，这代表标注数据的不同保存格式。

Pascal VOC挑战赛（the Pascal Visual Object Classes）是计算机视觉领域最著名的竞赛之一。该竞赛始于2005年，于2012年举办了最后一届。

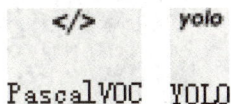

图 1-1-24　Pascal VOC 和 YOLO

PascalVOC目标检测任务中所使用的数据集和标注格式为XML文档，每张图片对应一个.xml格式的标注文件。XML文档的文件名和所标注的图片的文件名相同，如果修改已经标注过的图片，XML文档中的信息也会随之改变。

YOLO是计算机视觉领域著名的模型，目前已经发展到第五代。YOLO的标注格式为.txt。其标注文件由类别编号和矩形框坐标两部分组成。

通常默认选择PascalVOC的.xml格式作为标注数据的保存格式。

▶ **步骤7**　创建标注框和数据标签

打开一张图片，所有图片会自动适应窗口。单击左下角的"创建框"按钮，然后将光标移动到图片上，会出现一个十字线，用于辅助进行图片标注，如图1-1-25所示。

图 1-1-25　数据标注1

把这个十字线移动到图片中猫脸的左上角，按住鼠标左键并向右下角移动十字线。此时会出现一个网纹框和一条与边框线呈45°的绿色斜线，如图1-1-26所示。

图 1-1-26　数据标注 2

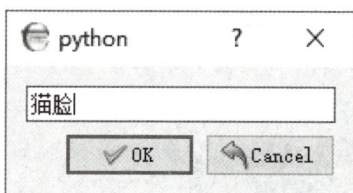

图 1-1-27　小窗口

使网纹框覆盖整个猫脸后，松开鼠标左键。此时会弹出一个小窗口，如图 1-1-27 所示。在这个窗口内输入标注框的标签"猫脸"，单击"OK"按钮后，猫脸所在位置会变成一个绿色的标注框，标注框的四个顶点是绿色的小圆点，而右侧的"Box Labels"中会出现一个标签值"猫脸"，如图 1-1-28 所示。

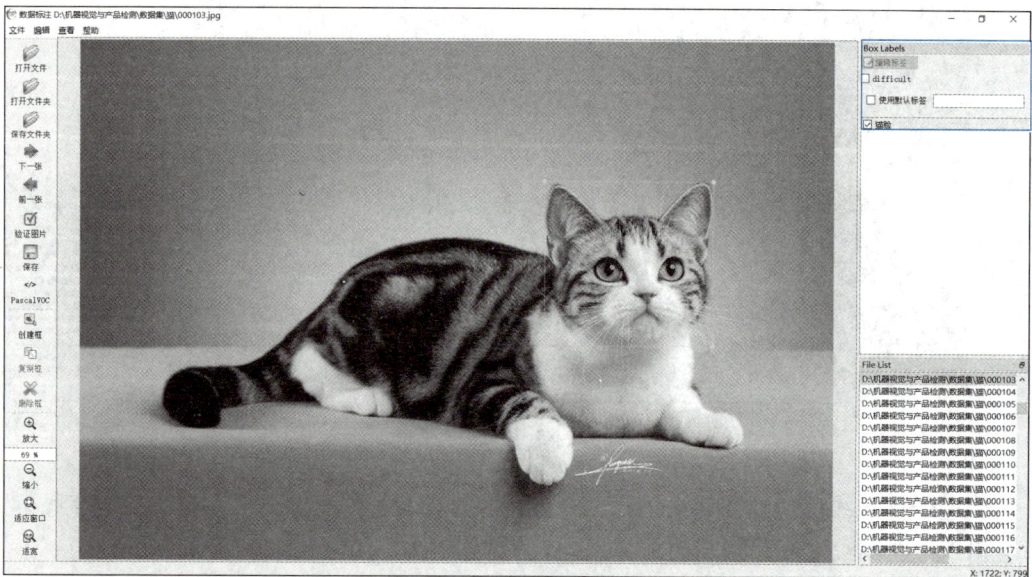

图 1-1-28　数据标注 3

如果一张图片中包含多张猫脸，则需要在该图片上重复上述过程，对每一张猫脸的位置进行标注。全部标注完成后，在右侧的"Box Labels"中会显示多个数据标签，如图 1-1-29 所示。

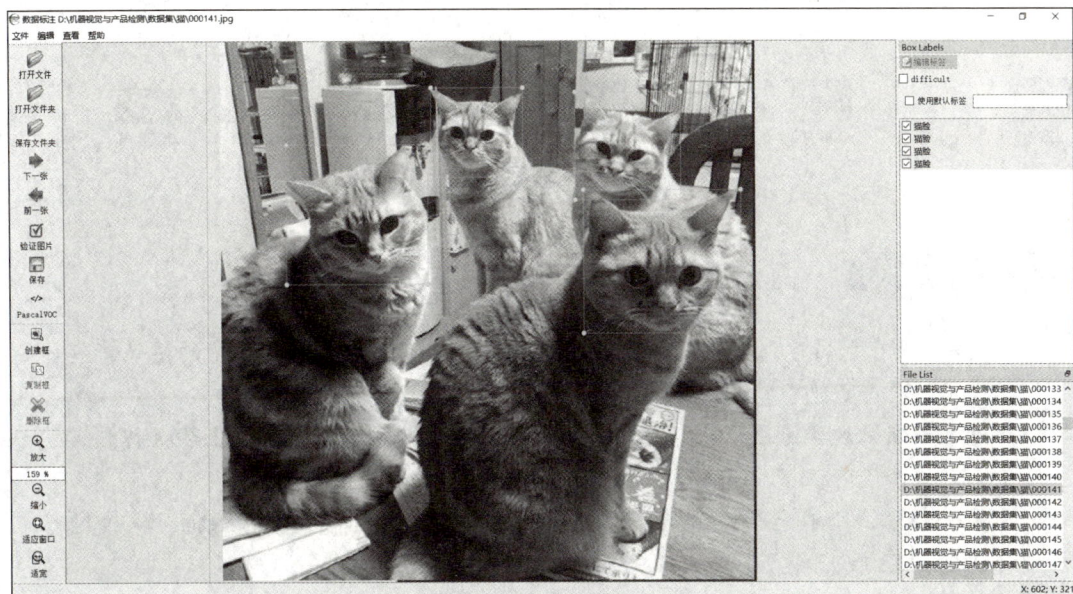

图 1-1-29　数据标注 4

▶ 步骤8　保存标注结果

当标注完成后，单击图片标注界面左侧的"保存"按钮，会将标注结果保存在事先设定好的保存路径"数据集\猫"中。在该文件夹中，会生成 XML 文档（.xml），保存所标注的信息。

打开 XML 文档，可以发现该文档中记录了文件夹、图片名称、图片路径、图像尺寸、数据标签、标注矩形框坐标等信息，如图 1-1-30 所示。

▶ 步骤9　标注其他图片

请根据步骤 1~8，对文件夹"数据集\猫"中的其他图片进行标注。标注完成后，在该文件夹内可看到一张图片对应一个 XML 文档，如图 1-1-31 所示。如果某张图片标注好后忘记保存，则不会形成对应的 XML 文档，这时需要重新打开这张图片进行标注并保存。

```
- <annotation>
    <folder>猫</folder>
    <filename>000101.jpg</filename>
    <path>D:\机器视觉工业检测\数据集\猫\000101.jpg</path>
  - <source>
      <database>Unknown</database>
    </source>
  - <size>
      <width>400</width>
      <height>400</height>
      <depth>3</depth>
    </size>
    <segmented>0</segmented>
  - <object>
      <name>猫脸</name>
      <pose>Unspecified</pose>
      <truncated>0</truncated>
      <difficult>0</difficult>
    - <bndbox>
        <xmin>69</xmin>
        <ymin>31</ymin>
        <xmax>340</xmax>
        <ymax>290</ymax>
      </bndbox>
    </object>
  </annotation>
```

图 1-1-30　XML 文档

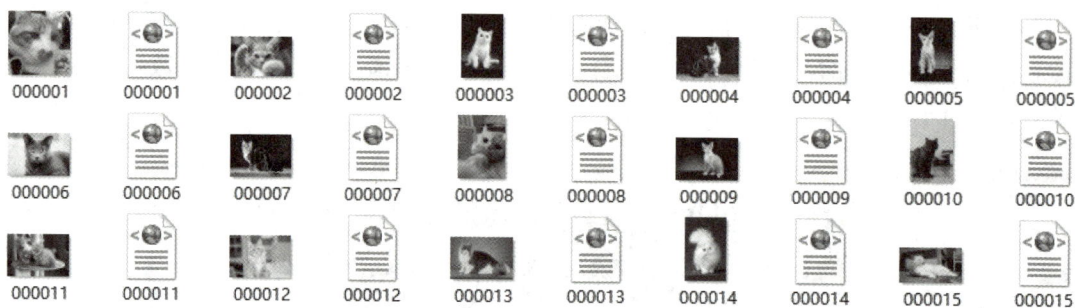

图 1-1-31　文件对应示例

🔧 **问题情境**

问题1　在数据标注中，有时候会发生需要修改标注框或者标签值的情况，有什么具体的解决办法吗？

提示： 在深度学习图形化工具"小信"中，可以非常方便地实现上述操作。

如果要修改标注框，有以下三种方法。

第一种方法：将光标移动到标注框上，按住鼠标左键拖曳该标注框。拖曳过程中标注框会变成淡蓝色，如图 1-1-32 所示。

第二种方法：将光标移动到标注框的四个顶点之一，此时光标所在的顶点会变成红色的小方块，其他顶点会变成红色小圆点。按住鼠标左键，可以改变标注框的大小，如图 1-1-33 所示。

图 1-1-32　拖曳标注框

图 1-1-33　改变标注框大小

第三种方法：将光标移动到标注框上并右击，在弹出的快捷菜单中选择"删除框"命令，如图 1-1-34 所示。将标注框整体删除后，可以重新创建标注框。

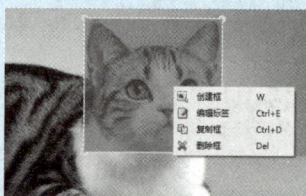

图 1-1-34　删除标注框

如果要修改标签值，有以下两种方法。

第一种方法：选定标注框后，在右侧的"BoxLabels"中单击"编辑标签"按钮，即可对标签进行修改，如图 1-1-35 所示。

第二种方法：将光标移动到标注框上并右击，在弹出的快捷菜单中选择"编辑标签"命令，对标签进行修改。

问题2　在数据标注过程中，如果都使用鼠标进行操作实际上不是很方便。有什么办法可以提高操作效率吗？

提示：深度学习图形化工具"小信"中提供了一些快捷键。常用的快捷键如表1-1-7所示。使用快捷键可以提高工作效率。

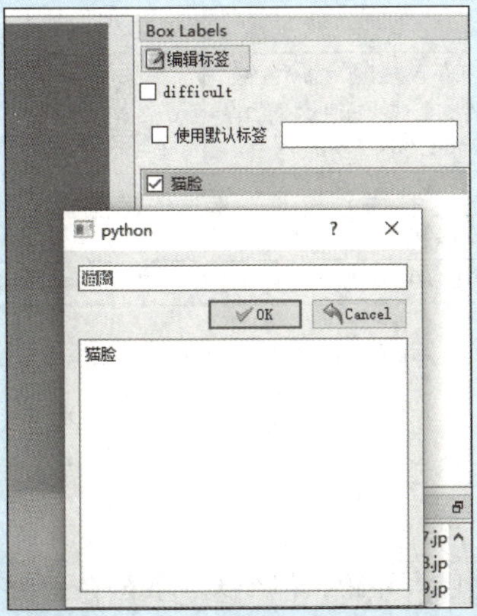

图1-1-35　修改标签

表1-1-7　常用的快捷键

快捷键	含义
Ctrl＋－	缩小
Ctrl＋＝	原始大小
Ctrl＋＋	放大
Ctrl＋F	适合窗口
Ctrl＋E	编辑标签
D	下一张图片
A	上一张图片
W	画框
Delete	删除框
Ctrl＋A	显示所有的框
Ctrl＋S	保存
Space	标记当前图片已标记

问题3　在数据标注过程中，如果需要添加多个不同的数据标签，应该如何操作？

提示：打开一张同时包含猫和狗的图片。单击软件左侧的"创建框"按钮（或者使用快捷键W），在猫脸的位置创建一个标注框，并在弹出的小窗口中输入数据标签"猫脸"，添加第一个数据标签"猫脸"，如图1-1-36所示。用同样的办法在狗脸的位置创建一个标注框，并添加第二个数据标签"狗脸"，如图1-1-37所示。

图1-1-36　添加第一个数据标签

图1-1-37　添加第二个数据标签

此时已创建了两个数据标签"猫脸"和"狗脸"。在右侧的"Box Labels"中会出现"猫脸""狗脸"这两个数据标签。可以根据需要对标注框和数据标签进行修改。

（三）学习结果评价

请将学习结果评价填入表1-1-8中。

表1-1-8　学习结果评价

序号	评价内容	评价标准	评价结果（是/否）
1	数据标注、标注框和数据标签	能正确说出数据标注、标注框和数据标签的概念	
2	数据资产保护	能正确说出数据资产的保护方式	
3	数据清洗	可以正确删除脏数据	
4	数据标注	可以正确打开软件、进入标注环境、选择所要标注的数据集、选择标注结果的保存文件夹、选择标注数据的保存格式、创建标注框和数据标签并保存标注结果	
5	标注框和数据标签修改	能对标注框和数据标签进行修改	
6	快捷键应用	可以使用常用快捷键进行数据标注的操作	
7	数据标签添加	可以正确添加多个不同的数据标签	

五　拓展阅读

（一）人工智能在我国的主要应用领域

几十年前，我国和美国在人工智能的发展上还存在巨大差距，但今天，我国在人工智能领域已取得长足进步。以下是中国在人工智能领域的部分成就。

1　零售

中国的人工智能在零售领域的应用已经十分广泛，无人便利店、智慧供应链、客流统计、无人仓、无人车等都是应用的热门方向。

2　物流

物流行业利用智能搜索、推理规划、计算机视觉及智能机器人等技术在运输、仓储、配送、装卸等流程上已经进行了自动化改造，能够基本实现无人操作。

3　安防

近些年来，中国安防监控行业发展迅速，视频监控数量不断增长。目前，在公共和个人场景中监控摄像头安装总数不断增长，在部分一线城市，公共区域视频监控已经实现了全覆盖。

4　交通

智能交通系统是通信、信息和控制技术在交通系统中集成应用的产物。我国在智能交通系统方面的应用主要是全城交通调度、智能车辆监控、智能路线规划、自动驾驶等。

5 医疗

目前，在垂直领域的图像算法和自然语言处理技术的发展已可基本满足医疗行业的需求，市场上出现了众多技术服务商。

6 家居

智能家居主要是基于物联网技术，通过智能硬件、软件系统、云计算平台构成一个完整的家居生态圈。

7 教育

在教育领域，通过图像识别可以进行机器批改试卷、识题、答题等，通过语音识别可以纠正或改进发音，人机交互可以进行在线答疑解惑等。

（二）常见的图片标注工具

大多数图像标注工具都是免费的，用户很容易在网上下载这些标注工具并使用它们来完成图片标注工作。下面介绍几种常用的图片标注工具。

1 LabelImg

LabelImg（https://github.com/tzutalin/labelImg）是一款由 Python 开发的图像标注工具。通过它标注的图像生成的标签文件支持 XML、PascalVOC、YOLO 格式。但是它只能支持矩形框的标注。

2 roLabelImg

roLabelImg（https://github.com/cgvict/roLabelImg）是在 LabelImg 的基础上开发的，对于旋转矩形的标签新增了一个 angle 参数表示旋转矩形旋转的角度，如图 1-1-38 所示。

3 labelme

labelme（https://github.com/wkentaro/labelme）支持矩形、多边形、圆、直线和点的标注，支持导出 VOC 格式和 COCO 格式语义和实例分割的标签文件。除此之外，它还支持标注视频。

4 CVAT

CVAT（computer vision annotation tool，计算机视觉注释工具）（https://github.com/openvinotoolkit/cvat）是一个基于 Web 服务的图像和视频的标注工具，可以多人协作使用，还可以使用深度学习模型自动进行标注，如图 1-1-39 所示。

图 1-1-38　roLabelImg 工具

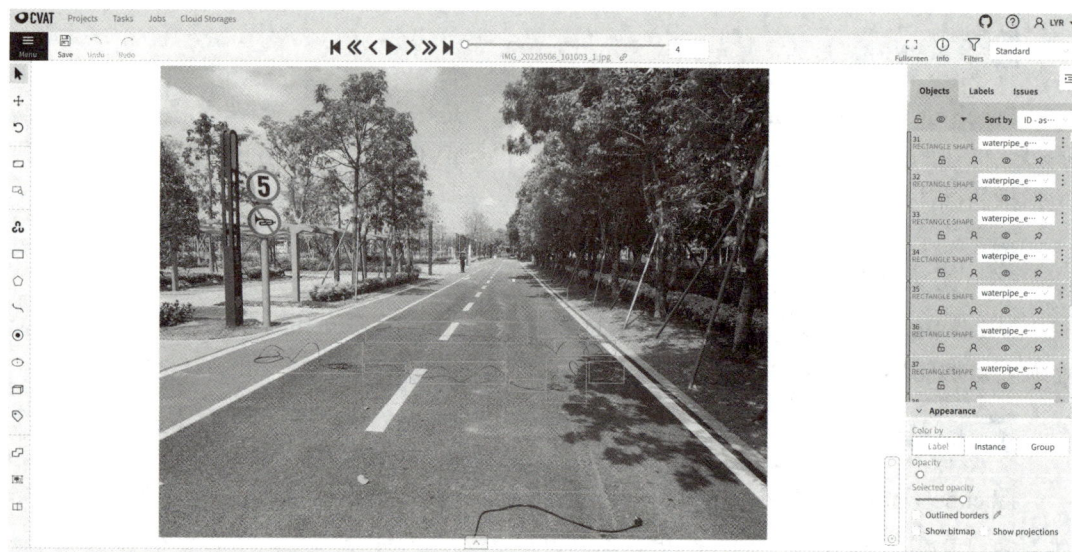

图 1-1-39　CVAT 工具

（三）图片标注的方式及其优缺点

1　2D 标注框

使用 2D 标注框时，只需要在被检测的物体周围绘制矩形框，如图 1-1-21 所示。这些矩形框用于定义对象在图像中的位置。边框可以由矩形左上角的 x、y 轴坐标和右下角的 x、y 轴坐标来确定。

（1）优点：标注起来快速、容易。

（2）缺点：①不能提供重要的信息，如物体的方向，这对许多应用来说是至关重要的；②包括不属于物体部分的背景像素，这可能会影响训练。

2　3D标注框（或立方体标注）

类似2D标注框，3D标注框（或立方体标注）可以显示目标的深度。这种标注是通过将二维图像平面上的边界框向后投影到三维长方体来实现的，如图1-1-22所示。它允许系统区分三维空间中的体积、位置等特征。

（1）优点：解决了物体方向的问题。

（2）缺点：①当物体被遮挡时，3D标注通过想象标注出标注框，这可能会影响训练；②这种标注包含背景像素，可能会影响训练。

3　线/边缘检测（线和样条）

在划分边界时，线和样条是有用的，将区分一个区域和另一个区域分隔的像素进行标注，如图1-1-40所示。

图1-1-40　线/边缘检测（线和样条）

（1）优点：连线上的像素不需要都是连续的，这样对检测有中断的线或部分遮挡的物体是非常有用的。

（2）缺点：①手动标注图像中的线费时费力，特别是当图像中有很多线的时候；②当物体碰巧是对齐的时候，可能会给出误导计算机的结果。

4 多边形标注

有时，必须标记形状不规则的物体。在这种情况下，可以使用多边形标注。注释时只需标注物体的边缘，就能得到要检测物体的完美轮廓，如图 1-1-41 所示。

（1）优点：消除了背景像素，并捕获了物体的精确尺寸。

（2）缺点：非常耗时，如果物体的形状很复杂，则很难完成标注。

5 姿态预测/关键点识别

在许多机器视觉应用中，神经网络常常需要识别输入图像中重要的感兴趣的点，这些点称为关键点。例如，可对人脸关键点、人体骨骼关键点、人脸五官等进行关键点标注。人脸关键点标注之后可用于人脸检测；人体骨骼关键点标注之后可用于分析人的动作，人脸关键点标注如图 1-1-42 所示。

图 1-1-41   多边形标注

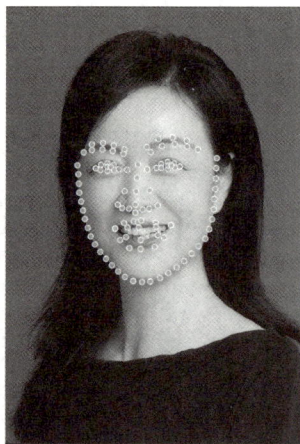

图 1-1-42   人脸关键点标注

🔹 课后作业

职业能力编号：＿＿＿＿＿＿＿＿＿＿＿＿＿＿＿＿＿＿＿＿＿

班级：＿＿＿＿＿＿＿＿　　　　姓名：＿＿＿＿＿＿＿＿＿　　　　日期：＿＿＿＿＿＿＿＿＿

1. 请画出数据标注的流程图。

＿＿

＿＿

＿＿

＿＿

2．请打开一个XML文档，指出其中所记录的文件夹、图片名称、图片路径、图像尺寸、数据标签、标注矩形框坐标等信息。

3．请打开文件夹"数据集\狗"，将文件夹中所有狗的脸部标记出来，数据标签为"狗脸"。

职业能力1-1-4
能初步训练和部署模型

一　核心概念

1　泛化能力

在机器学习方法中，泛化能力就是指学习到的模型对未知数据的预测能力。模型只有具备较强的泛化能力，才能真正地具有应用于实际的可靠性。

2　欠拟合、拟合和过拟合

欠拟合（under fitting）：模型没有很好地捕捉到数据特征，不能够很好地拟合数据，或者是模型过于简单而无法拟合或区分样本。

拟合（fitting）：模型拟合的曲线能很好地描述某些样本，并且有比较好的泛化能力。

过拟合（over fitting）：模型将数据学习得太彻底，以至于把噪声数据的特征也学习到了，这样就会导致在后期测试的时候不能够很好地识别数据，即不能正确地分类，模型泛化能力弱。

图1-1-43和图1-1-44分别是回归问题和分类问题中的三种拟合状态。

图中"×"和"○"代表数据点，曲线为对数据点的拟合。

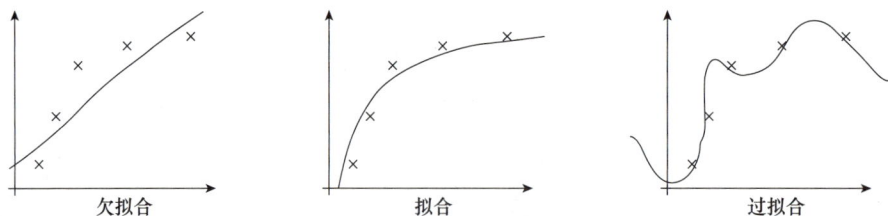

图1-1-43　回归问题中的三种拟合状态

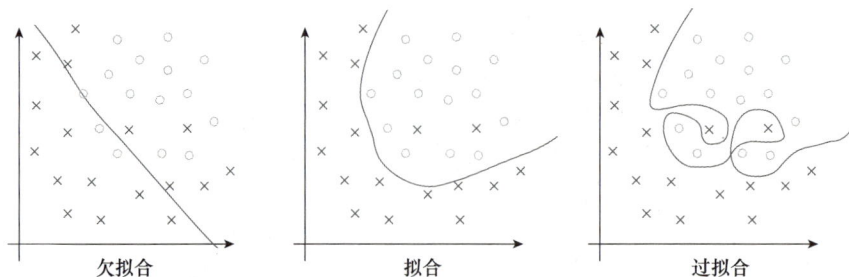

图1-1-44　分类问题中的三种拟合状态

二　学习目标

- 说出泛化能力、欠拟合、拟合、过拟合的概念。
- 会使用深度学习图形化工具训练模型。
- 会使用深度学习图形化工具部署模型。
- 理解人工智能时代数据的价值，感悟科技的力量。

三　基本知识

1　怎么通俗地理解泛化能力？

泛化能力可以认为是举一反三的能力。例如，学生每天都在学习课程和做题，但是，考试中遇到的一般是新题，谁也没做过。平时的做题练习就是为了掌握知识的规律，这样在遇到新的题目时，能够举一反三、学以致用、从容应对。这种对规律的掌握能力就是泛化能力。

平时做题较多，但是考试成绩差的同学，一般是因为泛化能力弱。泛化能力弱也可分为以下两种可能：一是尽管做了很多题，但是始终掌握不了规律，不管遇到旧题还是新题，都不会做；二是尽管做了很多题，但是只会死记硬背，会做旧题，但是考试时看到新题却不会做。

在机器学习中，第一种情况称为欠拟合，第二种情况称为过拟合。

2　什么是回归问题和分类问题？

所谓回归，是一种对一系列连续变化的数值进行预测和建模的方法，例如明天的气温是多少摄氏度；所谓分类，是一种对一系列离散的数值进行预测和建模的方法，例如预测明天是阴、晴还是雨。

四　能力训练

利用职业能力 1-1-3 所标注的"猫脸"数据，使用深度学习图形化工具"小信"来训练和部署识别猫脸的算法模型。

（一）操作条件

已经根据职业能力 1-1-3 的要求，完成"数据集/猫"文件夹内的数据标注。

（二）操作过程

操作步骤及对应的质量标准如表 1-1-9 所示。

表1-1-9　操作步骤及其质量标准

序号	步骤	质量标准
1	选择图片目录	可以通过"选择训练图片目录"按钮，正确选择图片目录
2	设置参数	可以通过"设置参数"按钮，正确设置参数
3	样本增广	可以通过"样本增广"按钮，正确进行样本增广
4	开始训练模型	可以通过"开始训练"按钮，正确开始训练模型
5	结束训练	可以根据box参数的变化，正确判断结束训练的时点
6	开始测试	可以通过"开始测试"按钮，正确测试新的数据集
7	部署模型	可以载入模型文件best.pt，自动识别猫脸，并显示对应的检测框

操作步骤详解如下。

▶ 步骤1　选择图片目录

在主界面中单击"选择训练图片目录"按钮，在弹出的对话框中选择文件夹"数据集/猫"，导入职业能力1-1-3中已经标注好的数据集，如图1-1-45所示。

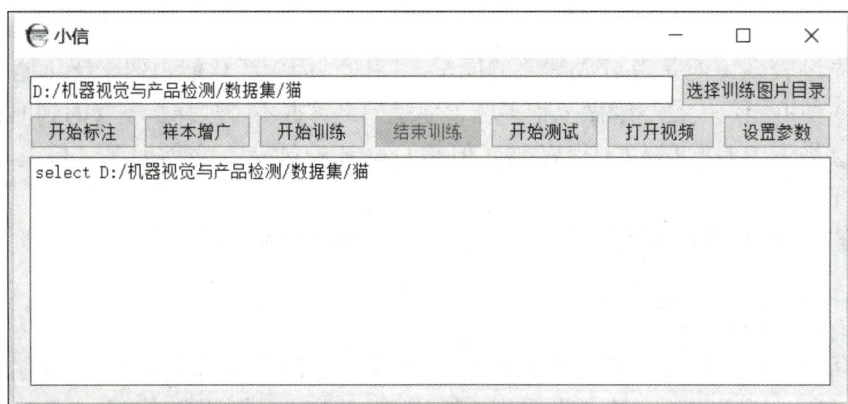

图1-1-45　选择训练图片目录

▶ 步骤2　设置参数

本节中使用程序的默认参数进行训练，不做调整，图像输入尺寸参数可参考图1-1-46。

▶ 步骤3　样本增广

在主界面单击"样本增广"按钮，此时程序会自动对文件夹"数据集/猫"内的数据进行样本增广，如图1-1-47所示。

在"数据集/猫"文件夹下会生成一个新的子目录"数据集/猫/work_pa/augout"，这个目录下包含4个子文件夹，如图1-1-48所示。其中，"Annotations""images""labels"3个子文件夹属于训练集。

"Annotations"子文件夹中存储"images"子文件夹中的图片所对应的XML格式的

图1-1-46　设置参数

图1-1-47　样本增广示例

名称 ^

- Annotations
- images
- labels
- test

图 1-1-48　augout 目录下的 4 个子文件夹

文档。

"images"子文件夹中存储增广出来的新的训练集图片。

"labels"子文件夹中存储将 XML 格式的文档转换为 COCO 的 TXT 格式的文档。

"test"子文件夹属于测试集。该文件夹内存储增广出来的新的测试集图片及其对应的标签。

此时，在深度学习图形化工具"小信"的界面上，会显示如图 1-1-49 所示的提示信息。其中，xml2coco 是指将已有的 VOC 的 XML 文档转换成 TXT 格式的文档。

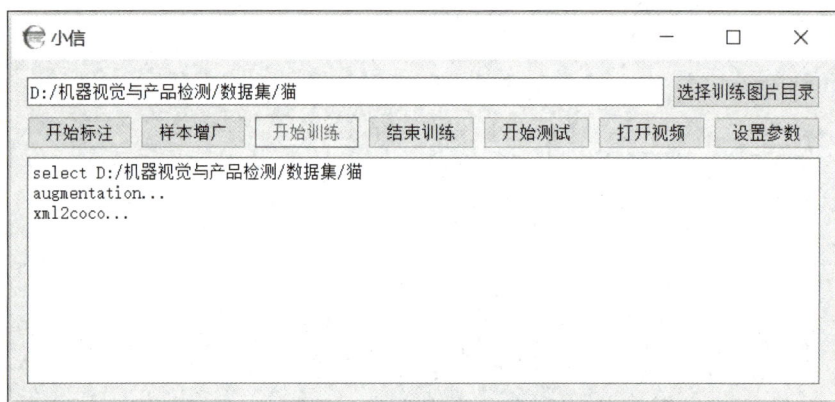

图 1-1-49　样本增广界面提示信息

步骤 4　开始训练模型

在主界面单击"开始训练"按钮，此时程序会判断是否已经做好样本增广，如果没有做样本增广，则程序会自动做样本增广，随后会调用 YOLOV5 模型训练数据。在训练过程中，"小信"的界面上会显示如图 1-1-50 所示的信息。

图 1-1-50　模型训练信息

Epoch：迭代轮数，在训练中，遍历完所有图片算一个迭代轮数，迭代轮数越多，训练时间越长。

gpu_mem：指GPU的占用情况。

box：用于衡量矩形框位置是否准确，矩形框越准确，box值越小。

obj：用于衡量矩形框是否框住物体，若矩形框内有物体，则obj值较小。

cls：用于衡量矩形框框住的物体类别是否正确，类别正确的框越多，cls值越小。

total：上述box、obj、cls三个参数之和，即total＝box＋obj＋cls。

labels：在batch_size张图片中所包含的标注框的数量。batch_size即单次传递给程序用以训练的数据（样本）个数。比如训练集有1000个数据，如果设置batch_size＝100，那么程序首先会用数据集中的第1～100个数据来训练模型，当训练完成后更新权重，再使用第101～200个数据训练，直至第十次使用完训练集中的1000个数据后停止。

img_size：将训练图片调整到一个统一的大小再送入网络进行训练。

在后台运行的cmd窗口中也会同步显示上述信息，此外还会有一个进度条，显示当前迭代轮数下的整体进度，如图1-1-51所示。

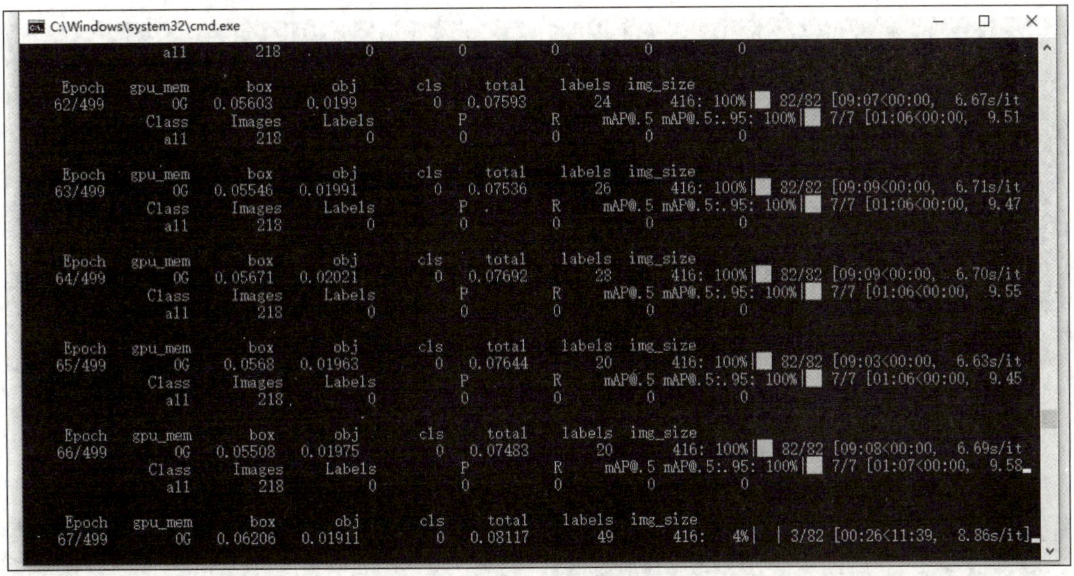

图1-1-51　模型训练进度

▶ 步骤5　结束训练

当box值降至0.01以下，或经过10多个迭代轮数都不再下降时，可以认为模型已经训练完毕。此时，可以单击"结束训练"按钮，手动停止训练。软件会在"数据集/猫/work_pa"目录下生成新的子目录"数据集/猫/work_pa/train"。每个迭代轮数训练结束后，都会在这个文件夹内输出相应的训练过程数据。

在"train"文件夹下的results.txt文件中记录了每个迭代轮数对应的参数信息，第3～6

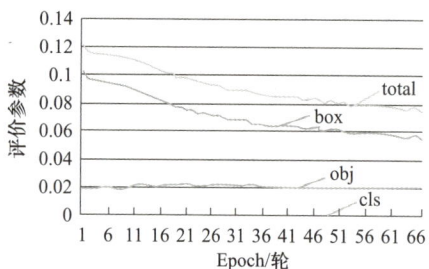

图 1-1-52　参数信息的变化情况

列分别对应box值、obj值、cls值、total值。可以发现，随着Epoch值的增加，box值和total值都是逐渐下降的，obj值有一个先增大再减小的过程，而cls值均为0，如图1-1-52所示。

在"train"文件夹下的子文件夹"train/weights"中，存储了当前训练好的模型best.pt。

软件也会在"数据集/猫/work_pa"目录下生成新的子目录"数据集/猫/work_pa/test/out"，每个迭代轮数训练结束后，都会在这个文件夹内输出相应的测试结果。通过检测这些测试结果可以评估训练成果。

图1-1-53～图1-1-59是经过67轮训练后输出的部分测试结果。可以看到，在某些图片中，算法可以正确地识别猫脸，但是在某些图片中会出现错误。这就像经过一段时间的学习和训练后，在考试时可以完成较为简单的试题，但是对于较难的试题还需要进行进一步的练习才能掌握。

图 1-1-53　算法模型正确识别猫脸的位置，输出正确的检测框

图 1-1-54　算法模型未能正确识别猫脸的位置，输出错误的检测框

图 1-1-55　算法模型未能识别猫脸的位置，不输出任何检测框

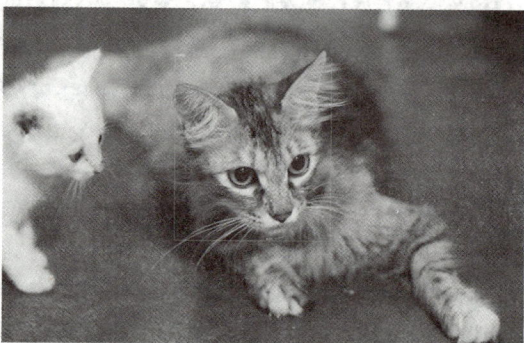

图 1-1-56　算法模型仅识别到正面的猫脸而未识别到侧面的猫脸

图1-1-57　算法模型学习到错误的特征，将树木的
纹理错误地识别为猫脸，输出错误的检测框

图1-1-58　算法模型识别出镜子中的猫脸，
也捕捉到真猫耳朵的信息

在算法模型的训练中，主要关注box值，通常当box值降至0.01以下时算法完成训练。因此，当训练结果不理想时，可以重新单击"开始训练"按钮。软件会自动载入之前训练过的模型（也就是best.pt文件），在已有模型的基础上继续训练。

▶ 步骤6　开始测试

如果要测试其他新的图片数据，则单击"开始测试"按钮，选择所要测试的数据集所在的文件夹，"小信"会在该图片目录下生成一个新的文件夹"out"，并在这个文件夹内输出相应的测试结果。

例如，要使用本节训练的识别猫脸的算法模型对新的数据集"数据集/cat"文件夹中的图片进行检测。已训练的猫脸的算法模型没有学习过这个新的数据集里的图片。

首先，确保已经选择训练图片目录，如果没有选择，则单击"选择训练图片目录"按钮，选择"数据集/猫"文件夹，如图1-1-49所示。在该文件夹内的"work_pa\train\weights"目录下有训练好的算法模型（即best.pt文件）。

其次，单击"开始测试"按钮，选择所要测试的新的数据集"数据集/cat"，则"小信"会在该文件夹下生成一个新的目录"数据集/cat/out"，在这个目录内输出测试结果。已经训练好的模型在新的数据集上的识别效果如图1-1-59所示。

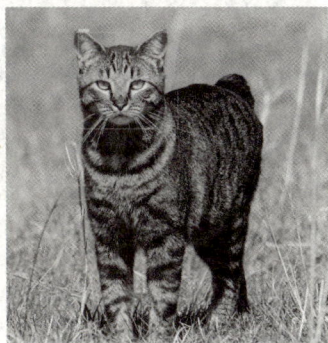

图1-1-59　已经训练好的模型
在新的数据集上的识别效果

▶ 步骤7　部署模型

选择训练文件目录后，会自动载入训练目录中训练好的模型文件best.pt。单击"打

开视频"，如图1-1-60所示，"小信"会自动调用计算机中的0号摄像头进行检测，并显示如图1-1-61所示的调用信息。在图1-1-61中，可以看到这个卷积神经网络模型有224层、7053910个参数、每秒163亿次的浮点运算[①]数。需要注意的是，如果没有训练好的模型，则模型部署会失败。

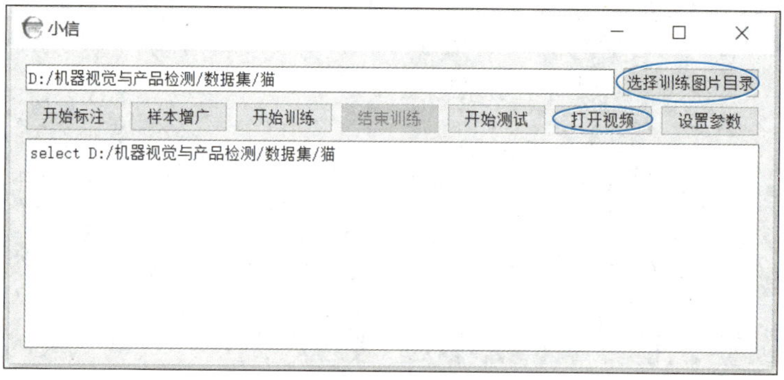

图1-1-60　打开视频

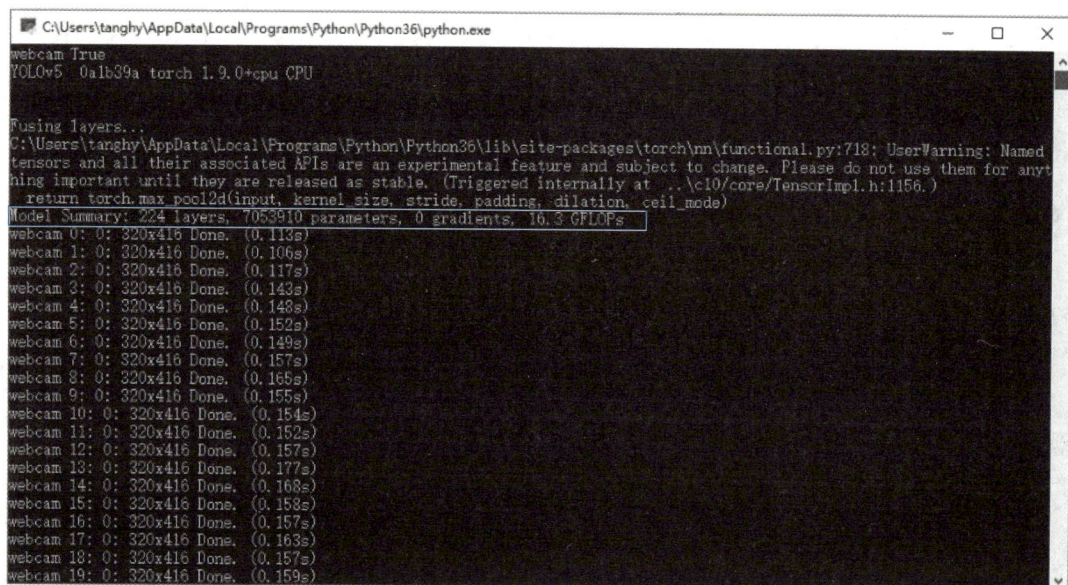

图1-1-61　调用信息显示

当摄像头监控区域有猫脸出现时，该算法模型会自动识别猫脸，并显示对应的检测框。

例如，当在手机上打开一张猫的图片，并放入摄像头监控区域内时，会出现一个实时检测框，并已标注为"猫脸"，如图1-1-62所示。

[①]　浮点运算即实数运算。因为计算机只能存储整数，所以浮点运算中的实数都是约数，导致浮点运算存在误差。

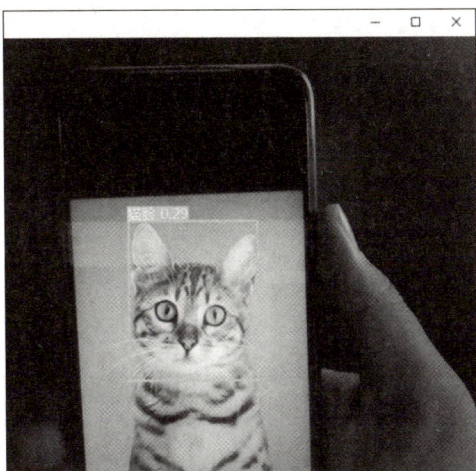

图1-1-62　"猫脸"检测框显示

问题情境

问题1　在深度学习的训练中，如果没有删除脏数据，会发生什么情况？

提示：在深度学习的训练中，样本的质量和数量都是非常重要的。在实际的生产过程中，样本的数量往往可以通过一些手段得到满足，但是质量则非常依赖人工的标注，训练中往往会包含一定数量的标注不正确的数据需要人工来纠正。

一般认为，标注不正确的数据即脏数据，会对最终的结果造成负面影响。

问题2　或许有同学认为图1-1-43和图1-1-44中的过拟合的状态图很好，完美地学习到了各种情况。那么，对于过拟合模型该怎么理解呢？

提示：在实际情况中，数据中是会有噪声的，一个模型完美地学习到一些随机出现的噪声并不是一件好事情。

过拟合模型在训练过程中产生的损失很低，但在预测新数据方面的表现非常糟糕。过拟合是由于模型的复杂程度超出所需程度造成的。机器学习的基本任务是适当拟合数据，但也要尽可能简单地拟合数据。

例如，识别猫和狗时，猫和狗都有两只眼睛，有四肢，有尾巴，有毛发，如果只学习到这些比较"浅"的特征，那么这个模型就无法对训练集图片进行正确的分类，这就是欠拟合。如果模型不仅学习到上述特征，还学习到猫和狗有不同的体型、体态、眼睛形状等合理的特征，那么不仅在训练集上分类误差很低，在测试集上也能达到不错的效果，这就是成功拟合。但如果模型在之前的基础上学到了很多不必要的特征，如训练集中有的猫少了一条腿，或者黑色毛发的猫比较多，那么模型很有可能将一只少了一条腿的狗分类到猫的类别，或者认为其他颜色毛发的猫是猫的概率很低。这些特征强烈干扰了模型的正确判断，这便是过拟合的危害。

（三）学习结果评价

请将学习结果评价填入表1-1-10中。

表1-1-10　学习结果评价

序号	评价内容	评价标准	评价结果（是/否）
1	泛化能力	可以正确说出泛化能力的概念	
2	拟合、过拟合、欠拟合	可以区分拟合、过拟合、欠拟合的概念	
3	模型训练	能使用深度学习图形化工具"小信"进行模型训练	
4	模型部署	能使用深度学习图形化工具"小信"部署模型	

五　拓展阅读

"人工智能，数据先行"，人工智能时代，一切运作的基础是数据。人工智能时代的魅力在于提供高价值的服务，但前提是需要利用庞大且宝贵的数据资产来挖掘其中的价值。

大数据交易所是随着大数据技术的成熟和发展，进行大数据交互、整合、交换、交易的场所。2015年4月14日，我国首家大数据交易所——贵阳大数据交易所（Global Big Data Exchange，GBDEx）正式挂牌运营，并完成了卖方为深圳市腾讯计算机系统有限公司、广东省数字广东研究院，买方为京东云平台、中金数据系统有限公司的首批数据交易。同时，在交易所平台的基础上，大数据领域的相关专家、学者、企业等多方共同组建大数据交易商（贵阳）联盟，首期对接的100多家企业包括阿里巴巴、苏宁易购、国美在线等。

课后作业

职业能力编号：＿＿＿＿＿＿＿＿＿＿＿＿＿＿＿＿＿＿＿＿＿

班级：＿＿＿＿＿＿＿　　姓名：＿＿＿＿＿＿＿　　日期：＿＿＿＿＿＿＿

1. 图1-1-63是对实心数据点进行回归拟合的结果，请说明图（a）、（b）、（c）中哪个

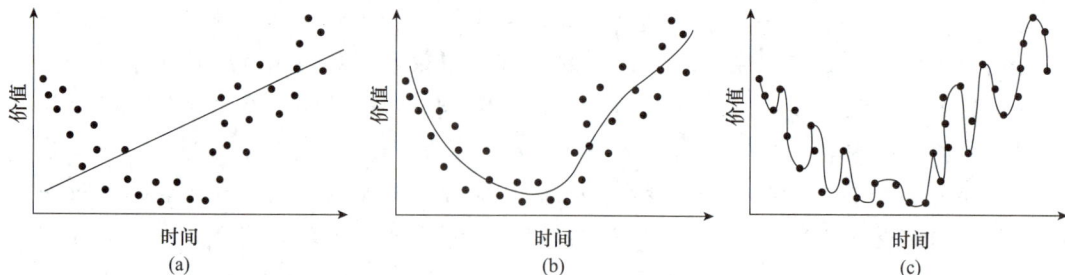

图1-1-63　回归拟合结果

是拟合，哪个是过拟合，哪个是欠拟合。

----

2. 图1-1-64是对黑色实心点和蓝色实心点进行分类拟合的结果，请说明图（a）、（b）、（c）中哪个是拟合，哪个是过拟合，哪个是欠拟合。

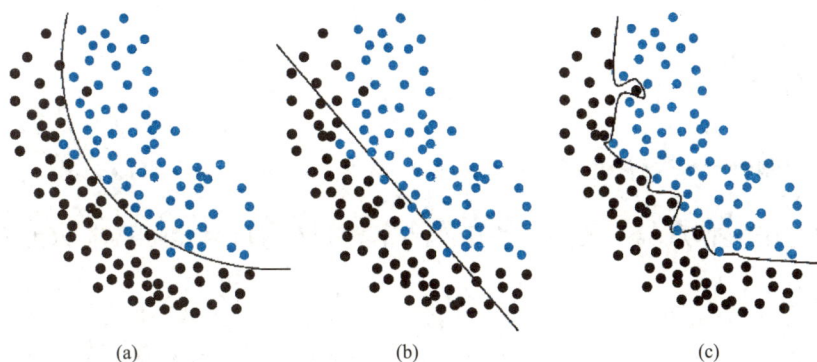

(a)　　　　　　　　(b)　　　　　　　　(c)

图1-1-64 分类拟合结果

----

3. 请利用职业能力1-1-3课后作业中所标注的"狗脸"的数据，使用深度学习图形化工具"小信"来训练和部署识别狗脸的算法模型。

----

4. 请上网查询贵阳大数据交易所最近最大的一笔交易额。

任务 1-2 搭建机器视觉系统硬件

职业能力 1-2-1
能初步搭建基本的机器视觉系统

一 核心概念

1 机器视觉的工业化应用

机器视觉在工业领域被广泛地应用于产品分类分拣、缺陷检测、字符识别等方面。

2 特征

特征是被观测对象的一个独立可观测的属性或者特点。特征的特点是有信息量，有区别性、独立性。

例如，如果要识别水果的种类，需要考虑的特征有大小、形状、颜色等。如果要识别一个人是谁，可以用他的走路姿势、说话语气等来衡量。明代散文家归有光在《项脊轩志》中提到了"足音辨人"的技能，就是指走路的脚步声也可以用来作为特征，以识别不同的人。

二 学习目标

- 说明传统的机器视觉方法的局限性。
- 说出机器视觉中使用人工智能的优点。
- 说明机器视觉系统的基本架构。
- 会搭建基本的机器视觉系统。
- 知道国内机器视觉在工业检测领域的发展趋势，坚定中国式现代化道路自信。

三 基本知识

1 什么是传统的机器视觉方法？

机器视觉并不是新生事物。传统的机器视觉方法又称为"比对法"，其工作原理可以简单概括如下。

（1）在图像中找到边、角等人为定义的目标特征。

（2）基于目标特征对图像中存在目标与否，并对多个目标特征之间的距离数值进行逻辑判断来完成视觉任务，如图 1-2-1 所示。

传统的机器视觉方法通过实验或人工选取亮度、颜色、尺寸、形状等特征及其参数来设计判决规则，导致其存在明显的局限：仅可判别定量缺陷检测，无法适用于随机性强、特征复杂的工作任务，无法自适应，泛用能力极差。使用这套方法时，需要由工程师基于视觉任务的特定需求，进行目标特征的定义及数值判断的阈值定义，设计好之后形成程序，由机器执行。

以图 1-2-2 为例，由于只能将有限的特征进行排列组合，工程师无法通过边、角来表达"密集的点状凹凸不平"这种随机出现的、综合的、复杂的判断目标，或者表达能力很差，导致识别准确度不高。传统的机器视觉方法是无法解决以上问题的。

图 1-2-1　传统的机器视觉示意

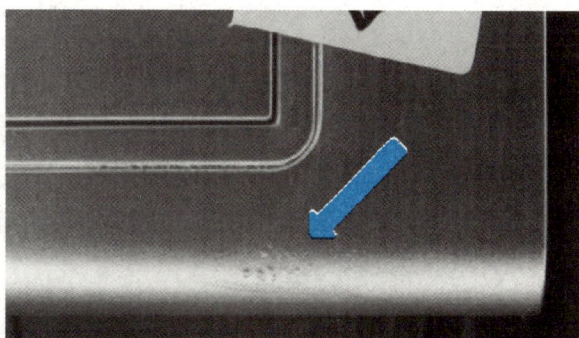

图 1-2-2　随机出现的复杂外观缺陷

2 在机器视觉中使用人工智能的优点有哪些？

传统机器视觉的开发过程是基于工具的规则编程，而人工智能机器视觉是基于实例的培训。

上述复杂特征问题恰恰是人工智能中的深度学习技术最擅长解决的问题。基于人工智能的检测方法，机器视觉拥有推理机制，能自适应地完成最优特征提取及判决条件最优化，训练完成后可以随数据的不断完备而进一步进化。

与传统的机器视觉检测方法相比，基于人工智能的检测方法能减少对光照、摆放位置、传输速率等外在因素的依赖程度，在对产品的正常和有缺陷情况下的大量图像进行充分训练的情况下，将为产品的主要和非主要特征的识别提供更高的准确率。

3 机器视觉系统的基本架构是怎样的？

机器视觉系统的基本架构如图 1-2-3 所示，其工作流程是通过工业相机、工业镜头、光源等图像采集装置，将目标转换成图像信号，再通过网络传送到后端处理系统。系统根据目标形态、像素分布、亮度、颜色等信息，抽取目标特征，最终得到判别结果，并利用工控机（工业机器人、机械臂、传动轴等）来控制相关设备。

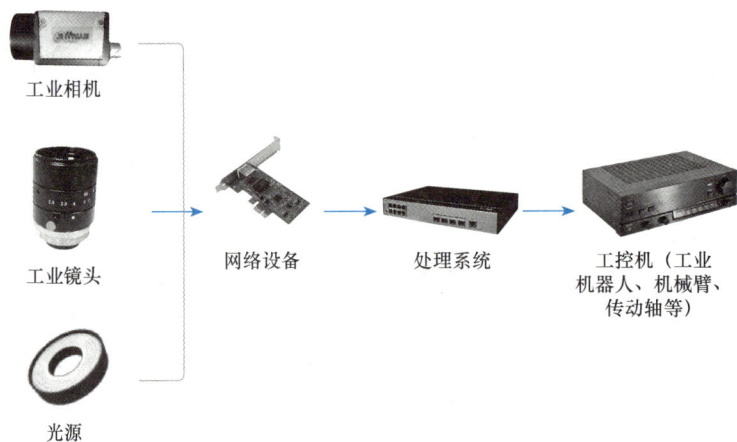

图 1-2-3　机器视觉系统的基本架构

4　工业相机是什么样子的？

图 1-2-4 展示了不同视角下的工业相机。在图（a）中，可以看到工业相机的整个侧面；在图（b）中，可以看到工业相机的相机靶面；在图（c）中，可以看到工业相机的数据接口和电源接口。

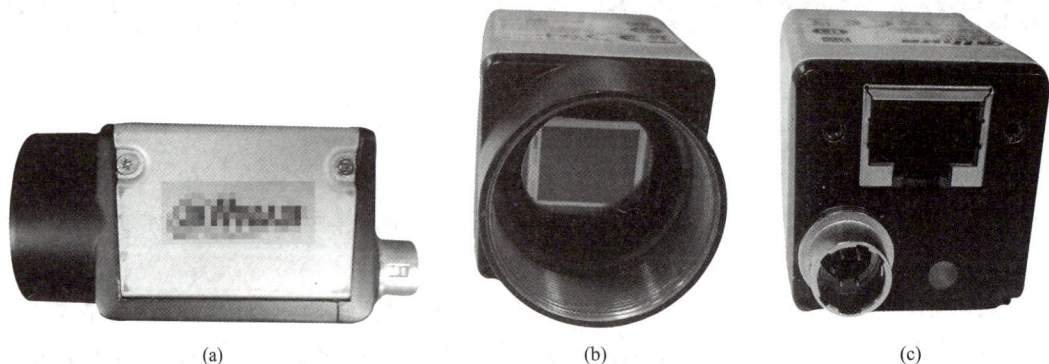

| (a) | (b) | (c) |

图 1-2-4　不同视角下的工业相机

5　工业镜头是什么样子的？

图 1-2-5 展示了不同视角下的工业镜头。在图（a）中，可以看到一个白色圆点，转动这个白色圆点可以调节镜头的光圈；在图（b）中，可以看到另一个白色圆点，转动这个白色圆点可以调节镜头的焦距。

6　光源和光源控制器是什么样子的？

图 1-2-6（a）、（b）分别展示了一个环形光源和一个光源控制器。

光源控制器中包含许多接口和按钮。其中，CH1～CH4 指不同的通道；在 60W24V

(a)   (b)

图 1-2-5 不同视角下的工业镜头

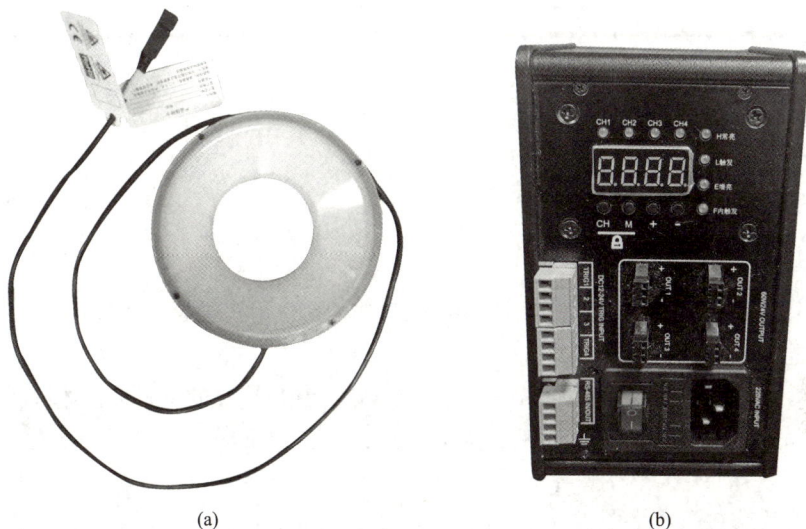

(a)   (b)

图 1-2-6 环形光源和光源控制器

OUTPUT 矩形框内，有 OUT1～OUT4 共四个输出端口，分别对应不同的通道。

下面搭建一个简单的机器视觉系统，利用该系统可以完成简单的机器视觉检测实验。

（四） 能力训练

任意选取一件样品，为其搭建机器视觉系统，用机器视觉工业相机客户端软件 MV Viewer 获取一张样本图片。

（一）操作条件

本操作需要使用光学实验架、光源、光源控制器、工业镜头、工业相机、数据线、计算机和数据采集软件。

（二）操作过程

操作步骤及对应的质量标准如表 1-2-1 所示。

表 1-2-1　操作步骤及其质量标准

序号	步骤	质量标准
1	部署光学实验架	能够稳定安装光学实验架
2	部署工业相机和工业镜头	工业相机和工业镜头不晃动、不移位
3	部署光源和光源控制器	光源可以由光源控制器控制开关、明暗
4	将工业相机与计算机进行连接	可以正确将工业相机与计算机进行连接
5	运行计算机中的相机控制软件	可以正确运行计算机中的相机控制软件
6	拍照获取样本图片	可以正确部署两种光源，使物品成像清晰
7	整理归位	将使用的设备放至原地，并清理桌面

操作步骤详解如下。

▶ **步骤 1**　部署光学实验架

按照图 1-2-7 所示安装好光学实验架。

▶ **步骤 2**　部署工业相机和工业镜头

将相机上的保护盖拆下，注意不要触碰保护盖下的相机靶面；将镜头上的保护盖拆下，注意不要触碰保护盖下的镜头。

一只手拿着相机，另一只手拿着镜头，将镜头上带有螺纹的一侧对准相机靶面，沿顺时针方向旋转镜头，将相机和镜头固定在一起，如图 1-2-8 所示。

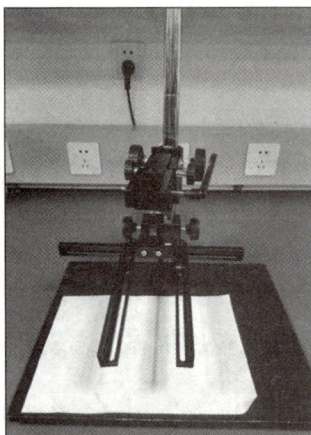

图 1-2-7　光学实验架

图 1-2-8　将相机和镜头固定在一起

将GigE数据线接入相机的数据接口，将电源线接入相机的电源线接口，如图1-2-9所示。将相机和镜头固定在光学实验架上，如图1-2-10所示。

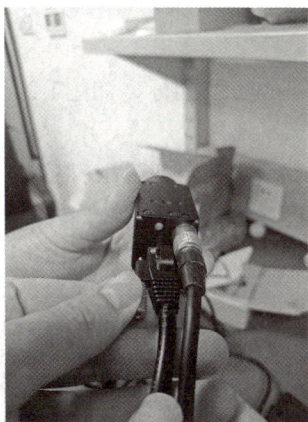

图1-2-9　将 GigE 数据线
和电源线接入相机

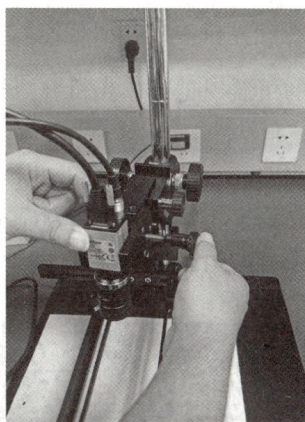

图1-2-10　将相机和镜头
固定在光学实验架上

▶ 步骤3　部署光源和光源控制器

将光源的电源线连接到光源控制器的OUT1端口，并将光源控制器的电源线连接到220VAC INPUT端口。

打开光源控制器的红色开关，此时光源控制器和光源都点亮。调节CH按钮，将光源控制器的输出通道修改为CH1。此时，"CH1"和"H常亮"两个绿色状态灯点亮。同时，LED屏幕显示的数字为光源的亮度，通过操控"＋"和"－"两个按钮可以改变光源的亮度，如图1-2-11所示。

将光源放置在光学实验架上并固定好，如图1-2-12所示。

图1-2-11　部署光源控制器

图1-2-12　将光源放置在光学实验架上

步骤4 将工业相机与计算机进行连接

将GigE数据线的另一头与计算机相连接。

步骤5 运行计算机中的相机控制软件

图1-2-13　MV Viewer图标

双击桌面上的机器视觉工业相机客户端MV Viewer的图标，如图1-2-13所示，打开相机控制软件。

MV Viewer软件使用非常方便，主界面菜单栏包括文件、事件通知、统计信息、设置、工具、帮助、语言7个菜单。左侧显示的是设备列表和设备信息，右侧显示的是工业相机所传输的图像，如图1-2-14所示。

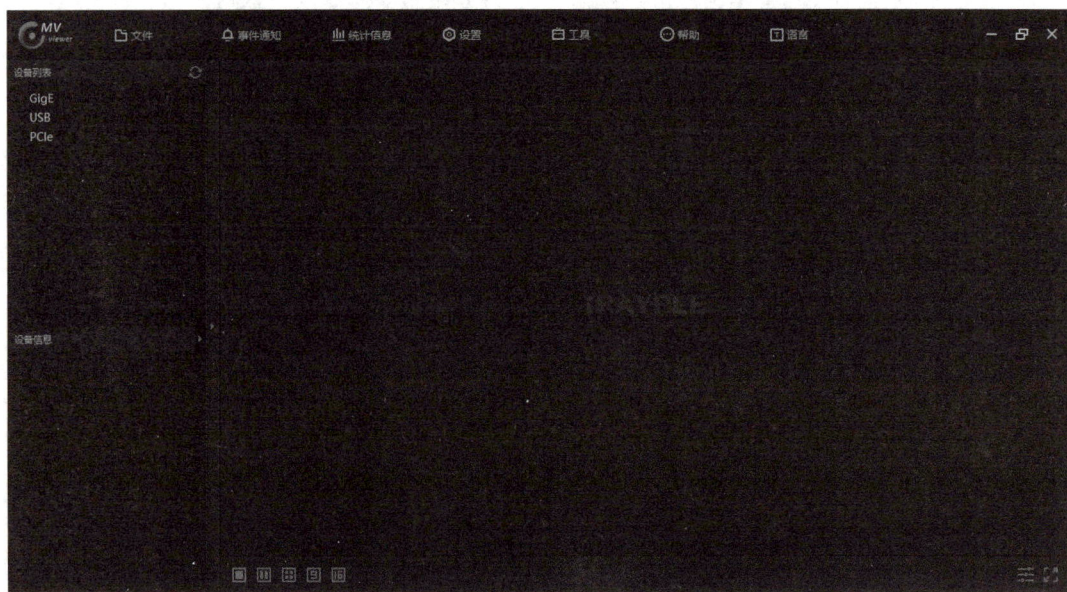

图1-2-14　MV Viewer软件主界面

在左侧的设备列表中，显示接入该计算机的所有设备，并按照接口类型进行分类。单击对应的设备名称，可以看到具体的设备信息，如图1-2-15所示。

步骤6 拍照获取样本图片

调节相机和镜头的高度、镜头的光圈和焦距、光源的亮度，获取一张样本图片，如图1-2-16所示。

步骤7 整理归位

将所有设备取下，放回各自对应的存放位置，整理实验桌面。

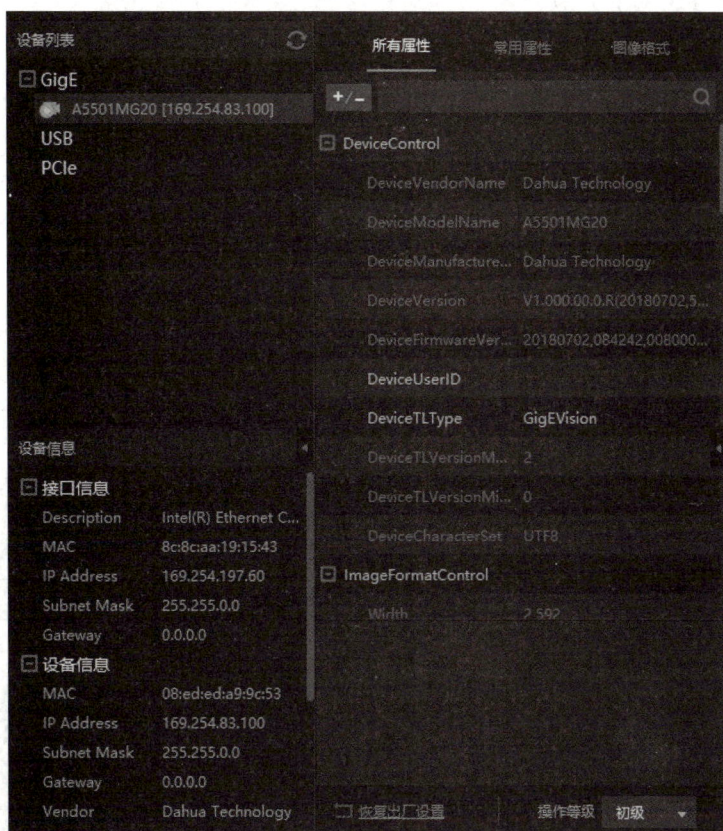

图1-2-15　设备列表和设备信息

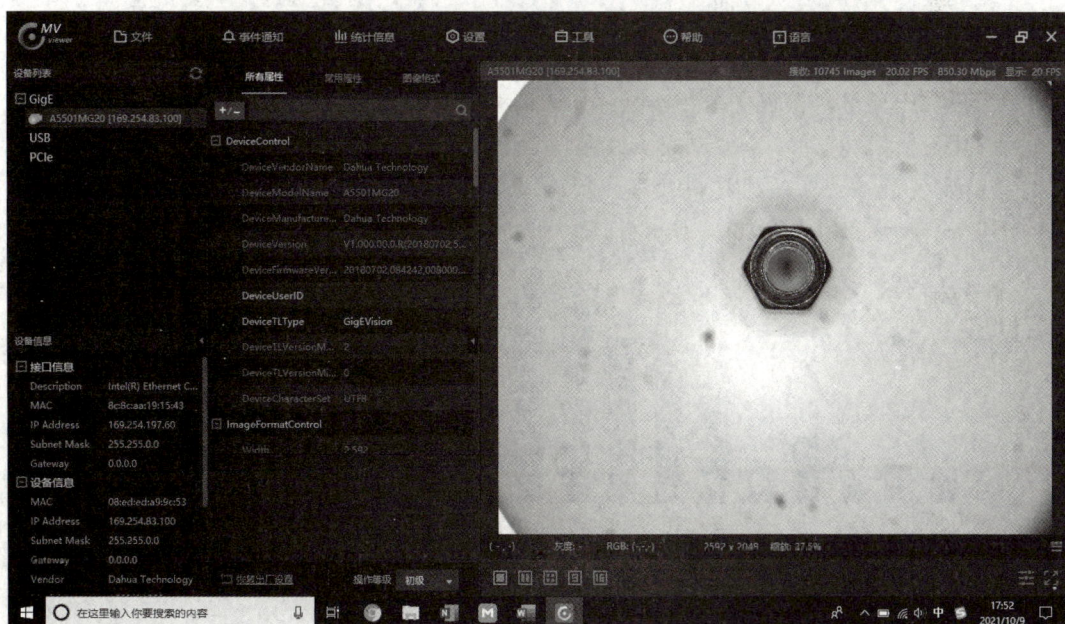

图1-2-16　样本图片示例

问题情境

问题 1　产品外观缺陷检测是工业上最为消耗人力的难题之一。因此，某个工厂计划使用机器视觉替代人眼进行产品外观缺陷检测。相比人眼，机器视觉有哪些优势呢？

提示：机器视觉是用机器代替人眼，其功能范围不仅包括对信息的接收，还延伸至对信息的处理与判断。

与传统人工方法相比，机器视觉在精度、客观程度、可重复性、成本及效率上都有明显的优势，特别是在高速运行的流水线作业方面，采用机器视觉的辅助检测方法可以大幅提升工厂的生产效率和自动化程度。人类视觉的不足与机器视觉的优势如表1-2-2所示。

表1-2-2　人类视觉的不足与机器视觉的优势

项目	人类视觉的不足	机器视觉的优势
色彩识别能力	容易受人的心理影响，不能量化	具有可量化的优点
灰度分辨能力	差，一般只能分辨64个灰度级	强，目前一般使用256灰度级
空间分辨能力	分辨率低，不能观看微小的目标	分辨率高，可以观测微米级的目标
环境适应性	对环境适应性差，另外有许多场合对人体有害	对环境适应性强，可加装防护装置
感光范围	范围窄，可适应波长为400～750nm的可见光	范围宽，可适应从紫外光到红外光的较宽光谱，另有χ光等特殊摄像机
识别速度	速度慢，0.1s的视觉暂留使人眼无法看清快速运动的目标	速度快，快门时间可达10μs，高速相机的帧率可达1000帧/s以上
观测精度	精度低，无法量化	精度高，可以达到微米级，容易量化
其他	主观，容易受心理影响，易疲劳	客观，可连续工作

问题 2　学习机器视觉工业检测，未来的就业前景怎么样？

提示：机器视觉工业检测行业发展迅猛，具有广阔的就业前景。这得益于经济持续稳定发展、产业结构转型升级、制造业自动化及智能化进程加速、行业内企业自主研发能力增强、机器视觉产品应用领域拓宽等因素，特别是人工智能深度学习技术的赋能，中国的机器视觉市场规模持续快速增长。2021年，相关市场规模为178亿元，到2026年预计超过500亿元，2022～2026年复合增长率约为25%，如图1-2-17所示，可见中国的机器视觉市场是全球市场规模增长最快的市场之一。

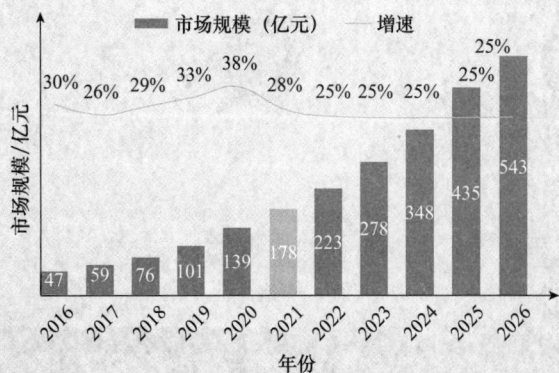

图1-2-17　2016～2026年中国机器视觉市场规模及增速

（三）学习结果评价

请将学习结果评价填入表1-2-3中。

表1-2-3　学习结果评价

序号	评价内容	评价标准	评价结果（是/否）
1	机器视觉的工业化应用	能举例说明机器视觉在工业领域的主要应用	
2	传统的机器视觉	能简单说明传统的机器视觉方法的局限性	
3	基于人工智能的机器视觉	能说出在机器视觉中使用人工智能的优点	
4	机器视觉系统的基本架构	能正确说明机器视觉系统的基本架构	
5	机器视觉系统搭建	能正确搭建基本的机器视觉系统，正确部署光源，获得成像清晰的图像	

五 拓展阅读

机器视觉是人工智能正在快速发展的一个分支。简单来说，机器视觉就是用机器代替人眼来做测量和判断。如今，中国正成为世界机器视觉发展最活跃的地区之一，其应用范围涵盖了工业、农业、医药、军事、航天、气象、天文、公安、交通、安全、科研等国民经济的各个行业。重要原因是中国已经成为全球制造业的加工中心，高要求的零部件加工及其相应的先进生产线使许多具有国际先进水平的机器视觉系统和应用经验也进入了中国。

近几年，国内涌现出大量的机器视觉工业检测企业，如创新奇智、感图科技、思谋科技、阿丘科技、微亿智造、天准科技等优秀创业企业。这些企业依托人工智能深度学习技术，在机器视觉工业检测领域实现了弯道超车，逐步实现了国产替代。

📦 课后作业

职业能力编号：＿＿＿＿＿＿＿＿＿＿＿＿＿＿＿＿＿＿

班级：＿＿＿＿＿＿＿＿　　姓名：＿＿＿＿＿＿＿＿　　日期：＿＿＿＿＿＿＿＿

1. 光圈的作用是控制镜头的通光量。请取出工业镜头，取下保护盖，连续转动相机光圈，同时从镜头前方查看光圈的变化，直观地了解光圈的概念。

2. 请尝试对不同的物品进行拍照，如塑料瓶盖、硬币、身份证、银行卡等，在同样的实验条件下，可以获得同样的成像质量吗？请思考其中的原因（将在职业能力1-2-2中进一步学习）。

----

3. 请举例说明身边的机器视觉应用设备较前代设备的优越性能及其作用。

职业能力 1-2-2
能初步构建机器视觉系统的光学系统

一　核心概念

1　光的颜色

光的颜色是由其波长决定的，光谱如图 1-2-18 所示。白色光是一种复合光，一般由二波长光或者三波长光混合而成。

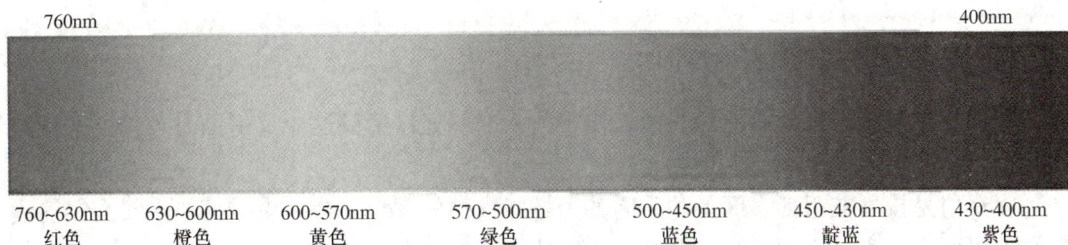

760nm						400nm
760~630nm 红色	630~600nm 橙色	600~570nm 黄色	570~500nm 绿色	500~450nm 蓝色	450~430nm 靛蓝	430~400nm 紫色

图1-2-18　光谱特性（见彩图）

2　物体的颜色

光照射到物体后，有些光被物体吸收，有些光被物体反射，反射出来的光照射到眼睛里，就使人认为这个物体具有所反射的光的颜色。

白色物体可以反射各种颜色的光线，黑色物体则吸收所有颜色的光线，每种颜色的物体对其相应颜色的光线的反射率。例如，蓝色背景对蓝色的光线反射程度较高，红色背景对红色的光线反射程度较高。物体颜色与光源颜色的关系如图 1-2-19 所示。

3　互补色

在光学上，若将两种颜色的光以适当的比例混合可以产生白光，则称这两种颜色为互补色。互补色并列时，会引起视觉上强烈的对比感受，使人感到红的更红、绿的更绿。三对互补色如图 1-2-20 所示。

如果希望通过提高缺陷颜色与背景颜色的对比度来突出缺陷特征，则可以通过选择色环中选择颜色相近或相对的互补色。

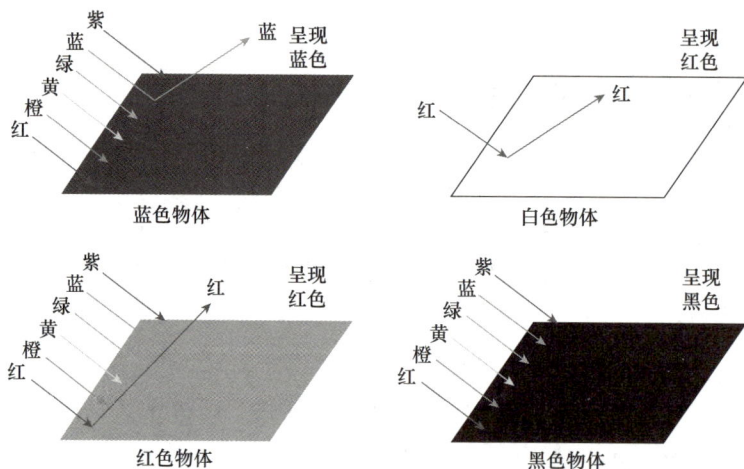

图1-2-19　物体颜色与光源颜色的关系（见彩图）

4　镜面反射与漫反射

镜面反射是指若反射面比较光滑，当平行入射的光线射到这个反射面时，仍会平行地向一个方向反射出来。

漫反射是投射在粗糙表面上的光向各个方向反射的现象。当一束平行的入射光线射到粗糙的表面时，表面会把光线向着四面八方反射。

镜面反射和漫反射示意图如图1-2-21所示。

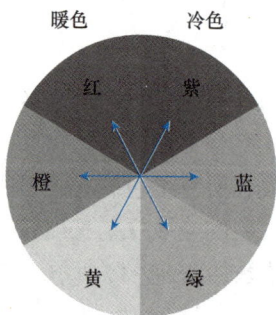

图1-2-20　三对互补色（见彩图）

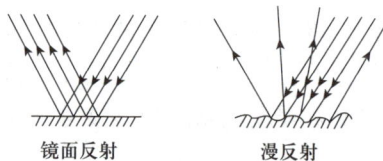

图1-2-21　镜面反射和漫反射示意图

5　明场照明与暗场照明

光线照射到待测物体上的角度是决定图像成像的重要因素，最常用的是明场照明和暗场照明。

明场照明是自较高的角度从被成像物体的上方打光，镜面反射光被反射后进入相机，而漫反射光被反射后较少进入相机。在明场照明的配置中，物体表面的不连续处、缺陷或划痕所反射的光大部分无法被相机接收，因而成像为黑色；而物体表面比较平滑的部分则成像为白色。

　　暗场照明则是自较低的角度从被成像物体的侧方打光，镜面反射光被反射后无法进入相机，而漫反射光被反射后进入相机。在暗场照明的配置中，物体表面比较平滑的部分，其所反射的光将超出相机的视野范围，这一部分成像为黑色；而物体表面的不连续处、缺陷或划痕则成像为白色。

　　明场照明和暗场照明示意图如图1-2-22所示。

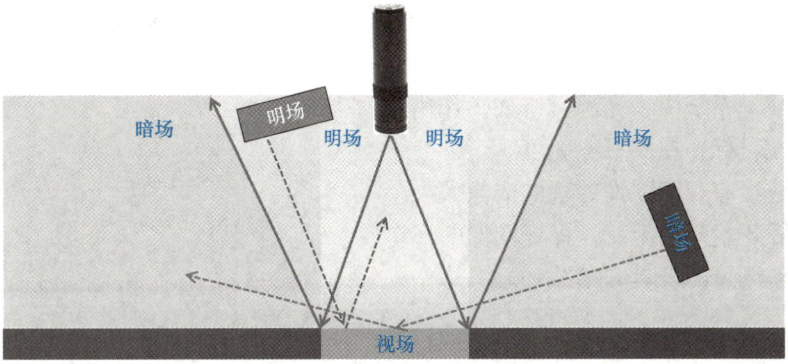

图1-2-22　明场照明和暗场照明示意图（见彩图）

　　以图1-2-23为例，（a）、（b）分别为在明场照明和暗场照明下，同一个5分硬币呈现不同的成像效果。

　　在明场照明的配置中，硬币表面比较平滑的部分成像为白色；麦穗和印字的边缘由于不连续而发生漫反射，成像为黑色。

图1-2-23　硬币在明场照明和暗场照明下的成像效果

　　在暗场照明的配置中，硬币表面比较平滑的部分成像为黑色；麦穗和印字的边缘由于不连续而发生漫反射，成像为白色。

二　学习目标

- 说出光的颜色、物体的颜色、互补色的基本概念。
- 说出镜面反射、漫反射、明场照明、暗场照明的基本概念。
- 说出在机器视觉系统中使用光源的作用。
- 能分析光源及光学系统的设计要求。
- 辨识不同类型的LED光源。
- 说出光源选择的基本步骤和基本考虑因素。
- 说出光源选型的基本方法。
- 能分析产品的颜色、特性对光源选择的影响。

三 基本知识

1 为什么要使用光源？光源在机器视觉系统中有什么作用？

机器视觉系统的核心是图像的采集和处理，图像的成像质量对整个视觉系统极为关键。光学光源是影响机器视觉系统成像质量的重要因素，好的光源和照明效果对视觉判断的影响是很大的。

在机器视觉系统中，光源具有如下作用。

（1）照亮目标，提高目标亮度。

（2）形成最有利于图像处理的成像效果。

（3）克服环境光的干扰，保证图像的稳定性。

（4）用作测量的工具和参照物。

2 光源及光学系统的设计要求是什么？

光源及光学系统的设计要求是使图像的目标信息与背景信息得到最佳的分离，获得高质量、高对比度的图像，突出目标信息的特征，大大降低图像处理算法分割、识别的难度，同时提高系统的定位、测量精度，使系统的可靠性和综合性能得到提高。

如果光源及光学系统设计不当，会导致在图像处理算法设计和成像系统设计中事倍功半。因此，光源及光学系统设计的成败是决定系统成败的首要因素。

目前尚没有一个通用的光源及光学系统可以应对不同的检测要求。因此，每个特定的案例都需要设计合适的光源及光学系统，以达到最佳效果。例如，在一个视觉应用的光源选型中，厂商需要根据客户提出的需求，综合考虑光源的照射角度、照射方式、光的平行性与柔和性等因素，选择适合光源的型号和组合，这是一个复杂的非标定制环节。

3 光源有哪些类型？

根据发光方式的不同，常见的光源可分为高频荧光灯、卤素灯和LED光源三种。其中，LED光源的综合性能最佳，广泛应用于机器视觉领域。LED光源具有以下优势。

（1）形状自由度高：可以组合成各种形状、尺寸及照射角度。

（2）颜色多样：可以根据需求制成各种颜色，并可以随时调整亮度。

（3）使用寿命长：可连续使用数万小时，间断使用则寿命更长。

（4）响应速度快：反应快捷，可在10μs或更短时间内达到最大亮度。

（5）综合性价比高：光源散热性好，运行成本低，并且可以做特殊定制。

根据几何形状的不同，LED光源又可以进一步细分为环形光源、自动光学检测（automatic optical inspection，AOI）光源、条形光源、同轴光源、点光源、线光源、面光源、圆顶光源、侧面导光源等，如图1-2-24所示。

4 选择光源有哪些基本的步骤？

第一步，确定照明方式：根据工件的形状及检查目的，确定镜面反射、漫反射、透射等照明方式。

第二步，确定照明方法与光线形状：根据检查目的、背景、周围环境等确定照明类型。一般来说，镜面反射可选择同轴入射照明、环形照明或棒形照明；漫反射可选择低角度照明、环形照明或条形照明；透射可选择面照明或棒形照明。其中，环形照明及棒形照明的设置距离更加灵活，因此应用范围更广。

第三步，确定光线颜色及波长：根据工件及背景选择光源颜色及波长。

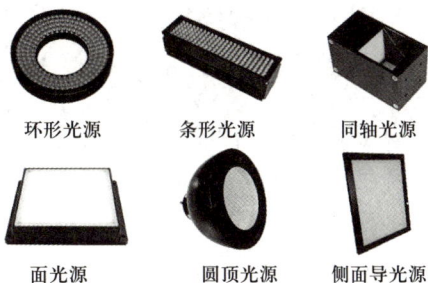

环形光源　条形光源　同轴光源

面光源　圆顶光源　侧面导光源

图1-2-24　不同几何形状的LED光源
（见彩图）

（四）能力训练

选择一个样品瓶盖进行拍摄，分析不同光源在不同条件下的成像效果，选出能清晰显示喷码字符的最佳光源。

（一）操作条件

本操作需要使用支架、光源、光源控制器、工业镜头、工业相机、数据线、计算机和数据采集软件。涉及的光源包括白色普通环形光源、白色低角度环形光源、白色同轴光源、三色同轴光源、三色低角度环形光源五种类型。

（二）操作过程

操作步骤及对应的质量标准如表1-2-4所示。

表1-2-4　操作步骤及其质量标准

序号	步骤	质量标准
1	光源选型分析	可以从检测需求以及物品的颜色、形状、材质特性等不同的维度进行光源的选型分析
2	搭建机器视觉系统	可以正确搭建机器视觉系统，准确连接相关部件，打开和使用拍照软件
3	使用白色普通环形光源进行照明和拍照	可以正确使用白色普通环形光源进行照明，并拍摄出清晰的图像
4	使用白色低角度环形光源进行照明和拍照	可以正确使用白色低角度环形光源进行照明，并拍摄出清晰的图像
5	使用白色同轴光源进行照明和拍照	可以正确使用白色同轴光源进行照明，并拍摄出清晰的图像
6	使用互补色同轴光源进行照明和拍照	可以正确使用互补色同轴光源进行照明，并拍摄出清晰的图像
7	使用低角度互补色环形光源进行照明和拍照	可以正确使用低角度互补色环形光源进行照明和拍照
8	整理归位	将使用的设备放至原处，并清理桌面

操作步骤详解如下。

▶ 步骤1　光源选型分析

形态分析：待测样品为紫色瓶盖，产品字符为激光刻印呈现灰色，如图 1-2-25 所示。

检测需求：需要将灰色字符突出显示，使它与紫色瓶盖的背景信息得到最佳的分离。

了解被检测对象的颜色：紫色瓶盖、灰色字符，应利用光源的互补原理，采用黄色光源将紫色背景尽量变黑。

图 1-2-25　待测样品（见彩图）

了解被检测对象的形状：瓶盖为圆形，直径为 25mm，因此选用同轴光源或者环形光源比较合适。

了解被检测对象的材质特性：瓶盖为塑料材料，表面有印刷图案，反光很强烈，因此需要使用漫反射光进行照明，选用同轴光源或带角度的环形光源比较合适。

▶ 步骤2　搭建机器视觉系统

根据职业能力 1-2-1 所学到的内容，正确搭建一套机器视觉系统，连接工业相机、工业镜头、光源、光源控制器、工控机，打开拍照软件。

为了了解不同光源在不同条件下的成像效果，依次使用白色普通环形光源、白色低角度环形光源、白色同轴光源、互补色同轴光源、低角度互补色环形光源来进行照明。

▶ 步骤3　使用白色普通环形光源进行照明和拍照

普通环形光源在指定的环形区域内提供均匀照明，可以帮助相机在采图时获得被测物体表面的主要信息。

将白色普通环形光源安装在支架上。光源距离被测物体有一定的距离，以垂直或者较大的角度照射被测物体，距离配合角度调节可以呈现不同打光效果。

从图 1-2-26 中可以明显地看到，字符等次要信息不是很清楚。

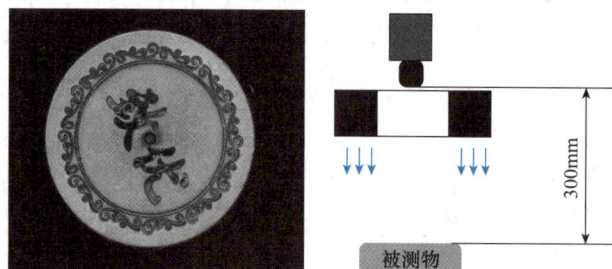

图 1-2-26　使用白色普通环形光源的成像效果

▶ 步骤4　使用白色低角度环形光源进行照明和拍照

将白色低角度环形光源安装在支架上。需要注意的是，低角度环形光源在使用时应尽量贴近被测物体。

由图1-2-27可知，采用低角度环形光源时，被测物体的轮廓及表面的细节信息都能很清楚地被捕捉到。

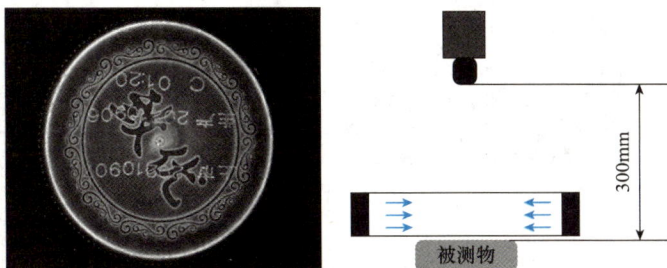

图1-2-27　使用白色低角度环形光源的成像效果

▶ **步骤5** 使用白色同轴光源进行照明和拍照

将白色同轴光源安装在支架上。需要注意的是，同轴光源应贴近被测物体。

同轴光源利用的是只有镜面反射的光才能返回相机的原理，可以用于镜面或者光泽面的检测。使用同轴光源照明时，被测物表面凹凸不平的部分产生的漫反射光不能入射到相机；工作距离越远，漫反射光反射回相机的概率越小，这样就形成了图像的对比度。使用白色同轴光源的成像效果如图1-2-28所示。

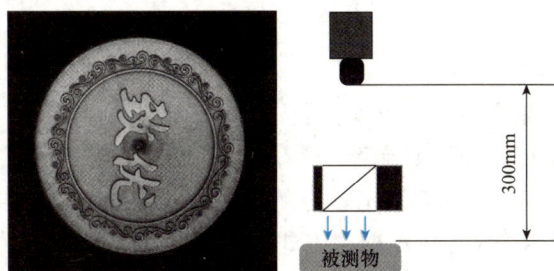

图1-2-28　使用白色同轴光源的成像效果

▶ **步骤6** 使用互补色同轴光源进行照明和拍照

将互补色同轴光源安装在支架上。需要注意的是，同轴光源应贴近被测物体。

被测物是紫色，根据图1-2-20所示色彩轮可知紫色的互补色为黄色，利用互补色同轴光源获得黄色照明。紫色不容易反射黄光，而字符是灰白色的，因此可以反射各种颜色的光。利用此特征可以获得字符的成像，如图1-2-29所示。

▶ **步骤7** 使用低角度互补色环形光源进行照明和拍照

将低角度互补色环形光源安装在支架上。注意，低角度互补色环形光源使用时应尽量贴近被测物体。

利用低角度互补色环形光源获得黄色照明。黄色低角度环形光源在突出被测物体细节

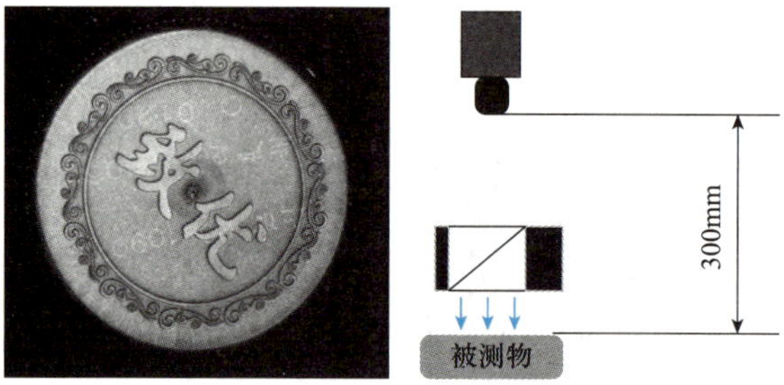

图 1-2-29　使用互补色同轴光源的成像效果

的同时，有效地抑制了背景的亮度，从而更加凸显需要提取的字符信息，如图 1-2-30 所示。

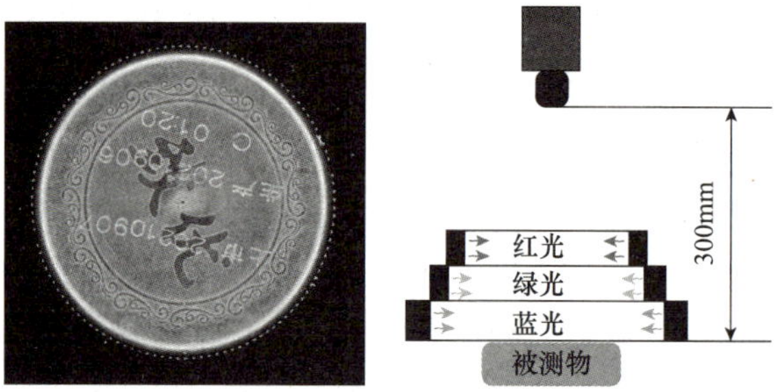

图 1-2-30　使用低角度互补色环形光源的成像效果

▶ **步骤8**　整理归位

将所有设备取下，放回各自对应的存放位置，并整理实验桌面。

从上述步骤可以得出以下两点结论。

（1）产品的颜色影响所需选取的光源的颜色。

（2）产品的特性可以确定光源的照射方式，从而确定光源的类型。

此外，在实际使用时，还需要考虑光源的安装高度、安装空间，以及相机、镜头、传感器的位置等障碍。

✔ **问题情境**

问题1　在能力训练过程中，已经了解到不同的光源对拍照结果有很大的影响。那么，在实际的工作场景下，选择光源有哪些基本考虑因素呢？

提示：理想的光源应该是明亮、均匀、稳定的。在选择光源时，应考虑以下因素。

（1）对比度：打光的根本目的是提高被检测对象与背景的对比度，将被检测对象凸显出来，便于机器视觉算法进一步处理，这是选择光源的最重要考量之一。

（2）均匀性：不均匀的照明会给后期的图像处理带来很多困难，甚至会使所采集的图像没有处理的价值。例如，光滑的零件会产生镜面反射，在其表面产生耀眼的光斑，如果缺陷刚好被光斑覆盖，就会出现漏检或者误检的情况。

（3）亮度：合理选择光源的亮度非常重要。若亮度太大，被检测对象可能会被淹没；若亮度太小，被检测对象的对比度可能低，打光也没有起到应有的作用。

（4）稳定性：是指光源在一个时间范围之内稳定地发光。

（5）成本与寿命：在设备的生命周期内和成本可接受的情况下，光源的使用寿命越长越好，这样既可以节约成本，又可以避免因更换光源而进行系统调整。

问题 2　LED光源有不同的几何形状，如果手中有这些LED光源，请分别尝试它们的拍照效果。请思考：它们有哪些特点？各自的检测范围有什么不同？

提示：不同的LED光源的特点及检测范围如表1-2-5所示。

表1-2-5　不同的LED光源的特点及检测范围

光源类型	特点	检测范围
环形光源	由高密度LED经结构优化设计阵列而成，性能稳定，亮度高，安装方便。 以不同照射角度、不同颜色组合直接照射在被测物上，可避免照射阴影现象，凸显成像特征，也可以结合漫射板使用，以使光线更为均匀、柔和	半导体产品外观字符、PCB（printed circuit board，印制电路板）电路基板与元件，以及通用外观检测
AOI光源	采用不同角度的多色光进行照射，能准确反映物体表面立体信息	电路板焊锡检测、多层次物体检测、多颜色字符检测
条形光源	特别适合大尺寸特征的成像场合，其长度可以按要求定制，并可根据实际需求选择光源颜色；多个条形光源可以自由组合，照射角度也可根据检测需求随意调整	包装破损、LCD（liquid crystal display，液晶显示器）字符、定位标记、液晶元件、金属表面、连接器引脚平整度等检测
同轴光源	高密度的LED阵列发射出高强度均匀光，通过一种带有特殊涂层的半透镜面反射出的光线与相机在同一轴线上，并可消除采集图像的重像和反光现象，适合经过镜面加工的共建表面划痕的检测	晶片上的激光标注，高反光面的划伤，金属、玻璃上的二维码等检测
侧面导光源	是一种平面光源，LED经结构优化均匀分布在光源四周或两侧，经特殊导光板导光后均匀照射发光，光源厚度只有面光源的2/3	外形轮廓尺寸测量、玻璃瓶破损检测、瓶内异物检测、透明物体表面划痕检测、脏污检测、物品定位检测
面光源	是一种平面光源，LED经结构优化后均匀分布在光源底部，经漫反射后在表面形成一片均匀的照射光	外形轮廓检测，以及加工尺寸测量、玻璃瓶破损、异物检测、透明物体表面划痕、污渍或内部异物等检测
点光源	具有发光强度高、发光面积小等优点，可单独使用，也可配合显微镜头或带同轴镜头使用	适用于安装空间较小的机器视觉系统，可检测微小元件、LCD面板、PCB
圆顶光源	是一种漫反射无影光源，结构中具有积分效果的半球面反射膜内壁，反射出的光纤能够全方位均匀照在被测物体上	反光或不平整表面、曲面、凹凸面、弧面，以及电容器表面破损、凹凸面字符、线条检测等
线光源	采用特殊柱面透镜聚光，将高亮度LED进一步聚集成超高线光，具有很好的均匀性和一致性	大幅面积印刷品表面缺陷检测、大幅面尺寸定位检测、PCB线路检测、LCD及TP（touch panel，触摸屏）外观检测

（三）学习结果评价

请将学习结果评价填入表1-2-6中。

表1-2-6　学习结果评价

序号	评价内容	评价标准	评价结果（是/否）
1	光源的作用	能说出在机器视觉系统中使用光源的作用	
2	光源及光学系统的设计要求	能说明光源及光源系统的设计要求是使图像的目标信息与背景信息得到最佳的分离	
3	LED光源	可以准确辨识不同类型的LED光源	
4	光源选择	能说出光源选择的基本步骤和基本考虑因素	
5	光源选型分析	可以从检测需求以及物品的颜色、形状、材质特性等不同的维度进行光源的选型分析，可以根据能力训练的要求正确完成光源选型的实验，获取清晰的图像	

五　拓展阅读

光源是机器成像的基础，是机器视觉的照明系统，直接决定成像质量和算法效果。中国光源厂商已经进入国际市场，实现了国产化，市场集中度也较高，主要厂商有奥普特、康视达、沃德普等。其中，奥普特是国内最早起步的光源厂商，目前已有38个系列、近1000款标准化产品并提供定制化的光源服务；2021年，该公司实现光源业务收入约3亿元，保持国产领先。

镜头是机器视觉图像采集部分重要的成像部件，海外厂商优势明显。与普通镜头相比，工业镜头要求清晰度更高、透光能力更强、畸变程度更低等，需要考虑焦距、视场角、光圈及景深等因素。选取恰当的机器视觉光学镜头不仅有助于后续图像处理工作，而且可以降低设备成本。在工业镜头领域，海外企业进驻较早，研发实力较强，品牌影响力较大，在高端工业镜头市场占据竞争优势，如德国施耐德等。我国虽然起步较晚，但涌现出了许多优秀的镜头公司，如广州长步道、东正光学等企业。

工业相机可以实现光信号转换，目前国内市场有望实现全面国产化。工业相机是工业视觉系统的核心零部件，其本质功能是将光信号转变成电信号，要求产品具有较高的传输力、抗干扰力及稳定的成像能力。随着设计技术和制造工艺的不断提升，成本更低、分辨率更高、集成度更高的CMOS（complementary metal oxide semiconductor，互补金属氧化物半导体）图像传感器逐渐替代早期的CCD（charge coupled device，电荷耦合器件）传感器。目前市面上的工业相机主要有面阵相机、线阵相机、3D相机及智能相机。据中关村泛亚机器视觉技术产业联盟统计，2015年后，中国工业相机领域涌现出了一批有规模的、有竞争力的国产品牌企业，如海康机器人、大恒图像、华睿科技等年产十万颗以上的公司。2020年，国产相机销售数量占比已超过80%，有望在不久的将来实现对进口的全面替代。

课后作业

职业能力编号：_____

班级：_____　　姓名：_____　　日期：_____

1. 在机器视觉系统中，光源的作用是（　　　）。

　A. 照明目标，提高目标亮度

　B. 形成最有利于图像处理的成像效果

　C. 克服环境光的干扰，保证图像的稳定性

　D. 用作测量的工具和参照物

2. 以下选项中，属于环形光的是（　　　）。

A.　　　　　B.

C.　　　　　D.

3. 某工厂需要检测如图 1-2-31 所示的酒瓶盖上的产品字符。已知酒瓶盖表面为黑色，另有红黑交错的背景图案，产品字符为激光刻印显灰色。为了显现出产品字符，应该将其打亮，使它与背景信息得到最佳的分离。根据光源的互补原理，需要采用什么颜色的光源？

图 1-2-31　待测酒瓶盖

（见彩图）

模块 2

产品字符检测

产品字符检测是机器视觉典型的工业检测应用场景，其目的是从照片中提取文字信息，有着广泛的应用前景。近几年，随着深度学习技术的发展，产品字符检测的相关技术取得了突破性进展。产品字符检测的场景复杂多变、算法开发难度大。本模块将相对简单的七段码作为应用案例，介绍深度学习图形化工具"小信"的具体使用方法。为降低学习难度，本模块跳过数据采集部分，将数据集直接提供给学习者，同时简化了模型部署的内容。

▶ 模块学习目标

1. 能分析产品字符识别的需求；
2. 能标注图片中的产品字符；
3. 能训练和部署产品字符检测模型。

任务 2-1 分析产品字符识别需求并标注产品字符

职业能力 2-1-1
能分析产品字符识别的需求

一　核心概念

1　光学字符识别

光学字符识别是指利用计算机识别手写或印刷文字的一种图像识别技术。

2　产品字符

在工业制造业企业中，会使用字符对生产日期、有效日期、批次批号、防伪标识追溯码、产品编号等信息进行记录，这些信息就是产品字符。产品字符是重要的信息载体，有利于企业在生产或使用过程中进行产品管理、质量控制及后期质量追踪。

3　产品字符识别

产品字符识别是应用OCR技术，对工业场景下遇到的产品或设备上的字符进行确认、检测和识别的过程。

二　学习目标

- 说出产品字符的概念。
- 能举例说明产品字符识别的应用场景。
- 说出传统产品字符识别的流程及其缺点。
- 说出基于深度学习的产品字符识别的流程。
- 能根据客户要求，分析产品字符识别的需求。

三 基本知识

1 光学字符识别技术有哪些应用？

文字是人类最重要的信息来源之一，OCR技术有着广泛的应用。例如，对图书馆的古籍进行文字识别，将其转化为文字编码信息，可以减少古籍工作者誊抄的工作量；对车辆车牌信息进行自动识别，应用于停车场、小区、工厂等场景，可以实现车辆进出场自动化、规范化管理，有效降低人力成本和通行卡证制作成本，大幅度提升管理效率；对身份证进行文字识别，可以自动识别录入用户身份信息，应用于金融、保险、电商、O2O、直播等场景，有效降低用户输入成本，控制业务风险。

2 产品字符有哪些形态？

产品字符可以通过多种方式刻印在零部件、产品及产品包装上，常见的刻印方式包括钢印（图2-1-1）、激光刻印（图2-1-2）、喷印（图2-1-3）等。

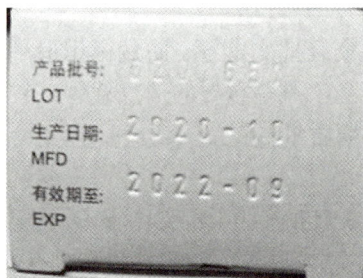

图 2-1-1　某药品外包装上的
钢印字符

图 2-1-2　某饮料瓶底的
激光刻印字符

图 2-1-3　某饮料瓶盖上的喷印字符

某饮料瓶盖上的喷印字符如图2-1-3所示。喷印字符一般分为两个字段。第一个字段共有8个阿拉伯数字字符，代表饮料经过一系列工序后成为成品的日期，如图2-1-3中饮料瓶盖上喷有"20210317"样式的字符，代表这瓶饮料的生产日期为2021年3月17日。第二个字段共有9个字符，代表具体的生产时间、生产厂家和生产线序号，如图2-1-3中饮料瓶盖上喷有"23:54YDW1"样式的字符，代表该瓶饮料在YD厂W1号生产线于23时54分完成生产。

3 产品字符识别技术有哪些应用？

产品字符识别技术有着非常广泛的应用场景，举例如下。

（1）在食品工厂中，读取原材料的生产日期的字符信息，避免使用超过保质期的原材料。

（2）读取汽车零部件的产品编号及型号，对汽车零部件从生产、加工到流通、维修等环节进行追溯，达到来源可查、去向防伪可追、责任可究的目的，实现全程可视化管理。

（3）读取七段数码管上的字母和数字，不同的代码组合对应不同的设备状态和故障，可以了解设备所发生的问题。

4 **为什么要在产品字符识别中应用机器视觉技术？**

在生产过程中，对产品字符进行数字化的管理是智能制造企业数字化转型的第一步。在生产现场，零部件的编号、各种生产表单中的字符串、（食品或药品等的）原材料的保质期、设备的七段码、压力仪表的数值等是非常重要的管理信息。

传统的生产企业中，许多产品从生产、入库、出库到市场各环节信息的记录工作基本是靠人工完成的，工作量极大。如果这些信息只是以手写表单的方式存在，很容易发生错漏，而且手写表单如果发生遗失或损坏，其损失是无法挽回的。如果这些信息以电子表单的形式存储，但是却通过人工的方式输入字符信息，也很容易发生错漏，同时也费时费力。

将机器视觉技术应用在生产过程中，可以让管理变得更加有效，减少人力成本，避免人为错误，降本增效。

5 **在机器视觉系统，字符识别的流程是怎样的？**

传统字符识别的基本流程如图 2-1-4 所示，具体的细节不做展开。需要了解的是，传统的处理方法看似合乎人类的视觉逻辑，但是整个处理流程的工序较多，并且是串行处理，导致错误不断被传递放大。如果每步都是 90% 的正确率，正确率看似很高，但是经过 5 步的错误叠加之后正确率为 $0.9^5 = 0.59049$，结果已经不及格。

基于深度学习的字符识别算法，其基本步骤只有两个，即字符检测和字符识别，如图 2-1-5 所示。所谓字符检测，是指对一个包含字符的图像进行分析，最终截取出只包含字符的一个图块，这个步骤的主要目的是降低在字符识别过程中的计算量。所谓字符识别，是指对从字符检测步骤中获取到的字符图块进行光学字符识别的过程。

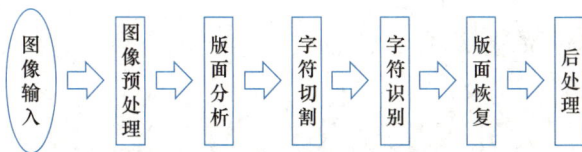

图 图像输入 ⇒ 图像预处理 ⇒ 版面分析 ⇒ 字符切割 ⇒ 字符识别 ⇒ 版面恢复 ⇒ 后处理

图 2-1-4　传统字符识别的基本流程

字符检测 ⇒ 字符识别

图 2-1-5　基于深度学习的字符识别的基本流程

例如，图 2-1-6 中有（a）、（b）、（c）3 张图片，如果要识别图（a）所示的图片，首先进行字符检测，对（a）中的图像进行分析，切割出只包含字符的一个个图块，如图（b）所示；随后进行字符识别，对上一步骤中获取的字符图块进行字符识别，识别出每一个图块所对应的文字，如图（c）所示。

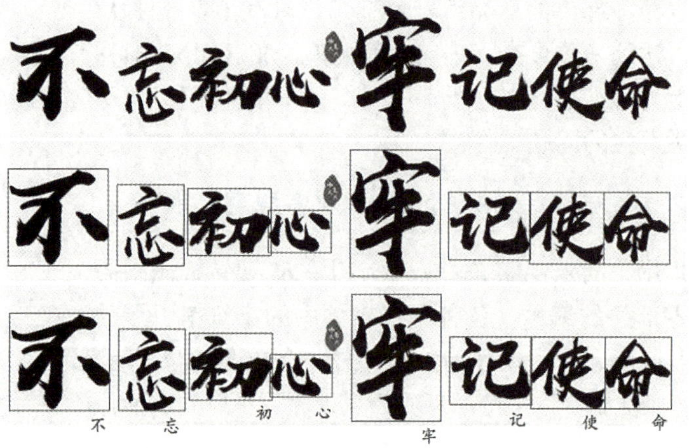

图 2-1-6　字符识别示例

6 相比传统的打印/扫描文档的字符识别，工业场景下的字符识别有哪些难点？

在传统的打印/扫描文档中，文本字符通常排列整齐，字体规范清楚，图片背景单一，文本字符信息容易分割，因此文本的特征很容易提取和区分。

工业场景下的字符识别比较复杂。例如，医药品包装上的文字、各种钢制部件上的文字、容器表面的喷涂文字、商店标志上的个性文字等。在这样的图像中，字符部分可能出现在弯曲阵列、曲面异形、斜率分布、皱纹变形、不完整等各种形式中，并且与标准字符的特征大不相同，因此难以检测和识别图像字符。

（四）能力训练

分析某空调工厂对字符检测的需求，并提出提高缺陷字符检出准确率的方案。

（一）操作条件

在计算机中，已有准备好的"喷码 ocr"数据集。

（二）操作过程

操作步骤及对应的质量标准如表 2-1-1 所示。

表 2-1-1　操作步骤及其质量标准

序号	步骤	质量标准
1	了解项目背景	可以说明项目的背景
2	了解工厂生产环境	可以说明工厂生产环境
3	提出解决问题的思路	可以复述解决问题的思路
4	尝试使用深度学习算法解决该问题	可以说明使用深度学习算法解决该问题的基本步骤

续表

序号	步骤	质量标准
5	了解常见的喷码字符缺陷，并对其进行分类	可以辨认常见的喷码字符缺陷
6	按照类别采集常见的有喷码字符缺陷的图片	可以将有喷码字符缺陷的图片进行正确分类
7	训练模型并在现场部署模型	可以正确训练模型并在现场部署模型
8	分析项目效益	可以正确分析项目效益

操作步骤详解如下。

步骤1 了解项目背景

在某空调厂家的市场投诉中，外包装纸箱喷错码、漏喷码、内容残缺等问题常年占比第一，持续时间久，发生频次高，影响恶劣，整改难度大。仅2020年，此类问题被市场投诉就超过20次。

步骤2 了解工厂生产环境

在该空调厂家的生产线中有多个不同品类的空调同时生产，这些空调的型号、外观颜色、净质量、毛质量都不同，需要根据空调的品类把这些信息喷印在外包装的纸箱上。

在喷码前，需要对空调设备上的二维码进行扫码，确认其相关的产品信息，并把该信息传递给喷码机，然后喷码机自动换型（空调机型相同时不切换，机型不同时切换模板），为不同的纸箱喷上对应内容的文字。正常喷码如图2-1-7所示。

图 2-1-7　正常喷码

步骤3 提出解决问题的思路

扫码采集的信息同步分发给喷码机和机器视觉检测设备，通过字符识别技术提取喷码信息，进行判定，合格放行，不合格则停线并报警。

在项目初期，使用了传统的机器视觉算法而未使用深度学习算法，该方案的误报率为1%~5%，效果未达到预期，如图2-1-8所示。

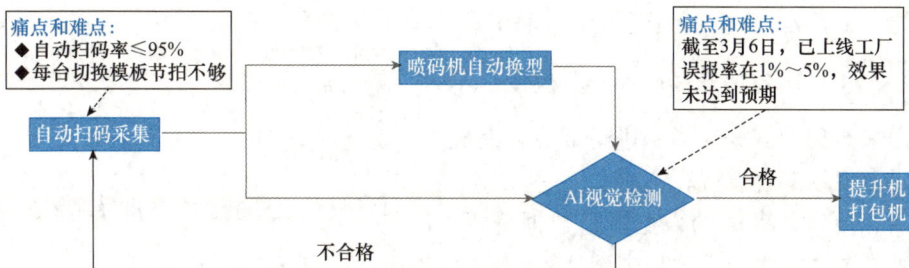

图 2-1-8　传统机器视觉检测流程与效果

▶ **步骤4**　尝试使用深度学习算法解决该问题

若引入深度学习算法，根据在职业能力1-1-4中所学习的训练和部署深度学习算法的基本流程，需要先采集一定数量的有喷码字符缺陷的图片，并且对图片做好分类标注。

▶ **步骤5**　了解常见的喷码字符缺陷，并对其进行分类

常见的喷码字符缺陷包括内容缺漏、喷码错误、字符不清、字符波浪形、字符残缺、喷码重影、墨团七大类。部分常见喷码字符缺陷如图2-1-9～图2-1-12所示。

图 2-1-9　内容缺漏　　　　　　　　　图 2-1-10　字符波浪形

图 2-1-11　喷码重影　　　　　　　　　图 2-1-12　墨团

▶ **步骤6**　按照类别采集常见的有喷码字符缺陷的图片

在真实工况下，需要人工采集常见的有喷码字符缺陷的样本图片，尽可能确保每类缺陷都有足够的样本图片，并对图片进行分类，划分训练集和验证集。

在采集样本图片前，要进行光学实验，选定光源、相机。后续的样本采集都应该在相同或相似的光学条件下进行。在实际的实施落地过程中，这个过程可能要持续数周甚至数月。

将已经收集好的图片放入"数据集/喷码ocr"文件夹，如图2-1-13所示，请根据步骤5介绍的字符缺陷的类型对其进行分类。请注意，在这个项目中，并没有收集到喷码错误、字符不清、字符残缺这三个类别的样本图片。

名称	类型
0正常	文件夹
1内容缺漏	文件夹
2喷码错误	文件夹
3字符不清	文件夹
4字符波浪形	文件夹
5字符残缺	文件夹
6喷码重影	文件夹
7变成墨团	文件夹

图 2-1-13　收集到的喷码字符缺陷的样本图片

▶ **步骤7**　训练模型并在现场部署模型

根据采集到的数据对模型进行训练。完成训练后，在现场部署模型。

最后，要对所获取的数据进行数据分析，聚焦喷墨不良的主要问题，并应用品质工具加以解决。

▶ **步骤8**　分析项目效益

该项目引入人工智能深度学习技术后，助力品质检验，赋能质量管理，促进了业务

变革；同时准确率首次突破"三个9"，即支撑检出准确率超过99.9%，有效地减少了客户投诉。

问题情境

问题 1　工厂的产品字符识别项目通常需要多长的实施周期呢？

提示： 在工厂里，一个看似简单的产品字符识别项目通常需要3~6个月的实施周期。具体内容包括以下几个方面。

（1）前期需求整理。

（2）技术方案对接。

（3）项目立项。

（4）资源协调。

（5）相机拍照并训练。

（6）系统优化，如数据传输协议优化、停线逻辑优化、相机触发逻辑优化等。

（7）优化算法识别的问题，进一步降低识别错误率。

（8）经过一段时间试运行，在真实工况下确认识别错误率。

（9）将获取的数据进行数据分析，聚焦喷墨不良的主要问题，并应用品质工具加以解决。

（10）项目验收。

问题 2　与传统的机器学习方法相比，基于深度学习的方法在产品缺陷识别领域具有更高的识别准确率和工作效率。但是，用于缺陷检测的深度学习方法需要大量的标签数据，也就是说必须采集大量的图片。请思考，在采集图片时，通常会遇到什么问题？

提示： 在工业场景中采集图片的最大问题是，在特定时间内，产品缺陷样本比较难收集。在某些高度自动化的生产场景中，产品的良率特别高，收集缺陷样本非常耗时，导致模型难以上线。此外，由于缺陷是由生产过程中的非受控因素产生的，缺陷的形态是多种多样的，各种形态的样本很难收集完整，这也限制了深度学习在工业检测领域的应用。

例如，在本节配套的数据集"数据集/喷码ocr"中，不同样本的分布是不均衡的。以训练集为例，其样本分布如表2-1-2所示。

表2-1-2　样本分布

缺陷类型	样本数量	缺陷类型	样本数量
正常	254	字符波浪形	80
内容缺漏	120	字符残缺	0
喷码错误	0	喷码重影	36
字符不清	0	墨团	80

是否能收集到足够多的缺陷样本是类似项目成功与否的关键因素之一。

（三）学习结果评价

请将学习结果评价填入表2-1-3中。

表2-1-3　学习结果评价

序号	评价内容	评价标准	评价结果（是/否）
1	产品字符	能说出产品字符的概念	
2	字符识别的应用场景	能正确举例说明字符识别的应用场景	
3	传统字符识别	能说出传统字符识别的流程及其缺点	
4	基于深度学习的字符识别	能说出基于深度学习的字符识别流程	
5	字符识别需求	能正确分析字符识别的需求	

五　拓展阅读

目前，OCR技术已在金融、保险、医疗、交通、教育等诸多行业有了深入成熟的应用。未来随着传统行业的数字化转型，OCR应用范围和场景将进一步扩展，市场规模将进一步增大。有权威机构预测，2025年，全球OCR市场规模将达到133.81亿美元。

早期受限于技术发展水平，OCR厂商通常从特定应用（如车牌识别系统等）切入，形成了一系列专用设备。近年来，越来越多的终端设备及应用嵌入了OCR技术，并逐渐形成了从基础设施、基础能力到终端应用的完整生态产业链，也衍生出了卡证、票据等一系列细分OCR能力，通过组合的方式服务于各个行业。

不难看出，OCR技术逐渐"下沉"为一项基本的能力，为上层不同的业务应用提供底层技术支撑。科技巨头和云计算厂商正在纷纷加速布局OCR，在满足自身内部业务需求的同时，不断对外开放先进的OCR能力。如今，OCR已然成为科技巨头能力标配。

在具体的落地应用层面，目前卡证识别、票据识别等标准场景文字识别已经相对成熟，手写文字识别在教育、物流等行业的应用也在不断扩大，国内涌现出以合合信息为代表的众多企业。复杂动态场景下的OCR技术和应用成为近几年的热门研究方向，如在无人驾驶、机器人等场景下利用OCR对视场中出现的文字进行识别等。

2020年4月，中国人工智能产业发展联盟制定了《OCR服务智能化分级技术要求和评估方法》，规定了OCR服务在功能、性能、安全等方面的技术要求及评估方法。7月，OCR服务要求及评估方法在国际电信联盟第十六研究组成功立项，标志着深度学习背景下的OCR评测方法已经逐渐被国际标准组织接受。

课后作业

职业能力编号：_____

班级：_____　　姓名：_____　　日期：_____

1. 请画出基于深度学习的字符识别的流程图，并以图2-1-14为例简要阐述这个流程。

精益求精

图2-1-14　字符识别示例

----

2. 某半导体晶圆工厂的传统生产线采用老式电子或机械仪表对化学溶液的pH值进行监测，再由人工抄录仪表读数，这样不仅效率低，而且当pH值发生变化时也无法及时给予提醒。改造后，通过摄像头对仪表盘进行视频图像采集，然后进行实时的OCR智能解析，并对解析后的数据进行实时检测，以此实现参数的及时提醒和预警功能，进而生成可视化的数据报表，实现生产线上的数据全链打通。在改造前，采用人工监测，每人最多只能同时兼顾20多个机台的数据，而改造后同一时段内每人可以监测500个机台。

请分析，这样的改造带来了哪些好处？

提示：
（1）省去了人工抄录和统计的麻烦，方便进行车间管理和发现故障点。
（2）工厂能够完整地掌握各项参数的动态，方便历史数据的追溯和工艺指标的分析。

职业能力 2-1-2
能标注图片中的产品字符

一 核心概念

1 字符的标注和转写

字符的标注和转写也称为OCR标注和转写。

按照标注的精细程度，标注方式可以分为文本的行级标注和字符级标注。若存在单词的拉丁语系文本，还会进行单词级标注。基于不同的任务需求，文本框可以为矩形框或者四边形框。图2-1-15所示为常规字符的行级矩形框标注和内容转写、字符级矩形框标注和内容转写示例；图2-1-16所示为拉丁语系文本单词级矩形框标注和内容转写、字符级四边形框标注和内容转写示例。

图2-1-15 常规文本的行级标注
和字符级标注（见彩图）

图2-1-16 拉丁语系文本的单词级标注
和字符级标注（见彩图）

2 七段码

七段码又称七段数码管，即把一个字母或者数字分成七段来进行显示。七段码在日常生活中十分常见，如图2-1-17所示。

二 学习目标

- 说明字符标注和转写的方式。
- 会根据要求查找七段码与字母和数字之间的对应规则。
- 说明机器视觉自动识别七段码的作用。
- 会正确标注七段码的字符的图像。
- 知道专用的文本标注工具。

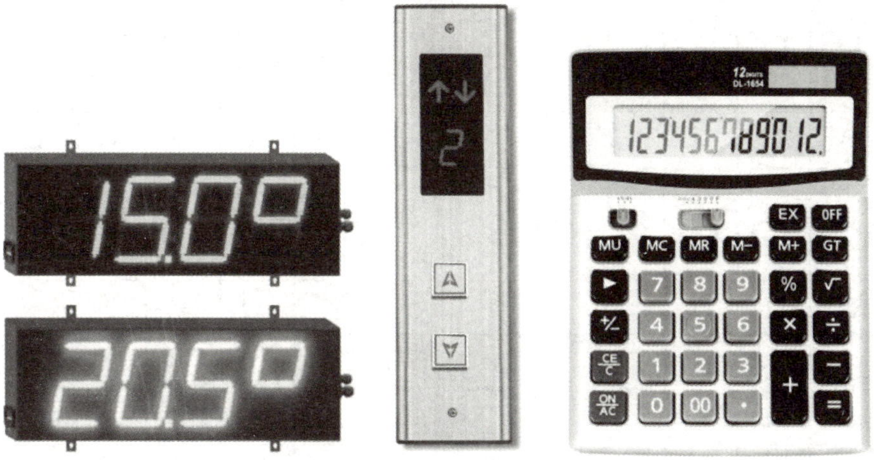

图2-1-17　生活中的七段码

三　基本知识

1　产品字符的标注有哪些难点?

产品字符识别中存在倾斜文本框、低分辨率文字和文本版面多样化等情况。因此,相比物体检测的数据标注,产品字符的数据标注具有特殊性,标注成本更高,主要表现在以下几个方面。

(1)标注框应完全覆盖所标注的文字对象或区域,既要贴合文本,又不能压住字符。

(2)在框选字符时,除了本书中介绍的矩形框外,针对倾斜文本框,还需要拉取多边形的标注框。

(3)在具体的工程中,需要对错别字、模糊字、变形字、遮挡字、镜像文字、弧形文字、表情包等制定统一且详细的标注规则。

为了降低学习难度,在本书中,选择较为简单的七段码作为案例进行学习,并使用矩形框进行拉框标注。

2　七段码与字母和数字之间的对应规则是怎样的?

七段码与字母和数字之间的对应规则如图2-1-18所示。

3　利用机器视觉方法自动识别七段码有什么作用?

除了日常生活中会使用七段码外,非常多的工业设备上会使用七段码来显示设备的状态,不同组合的七段码代表不同的设备状态。

早期的一些设备没有物联网模块,因此没有办法把七段码所显示的设备状态实时传送到管理平台,只能依靠人工进行抄表;特别是在设备发生故障时,无法实时地获取设备的

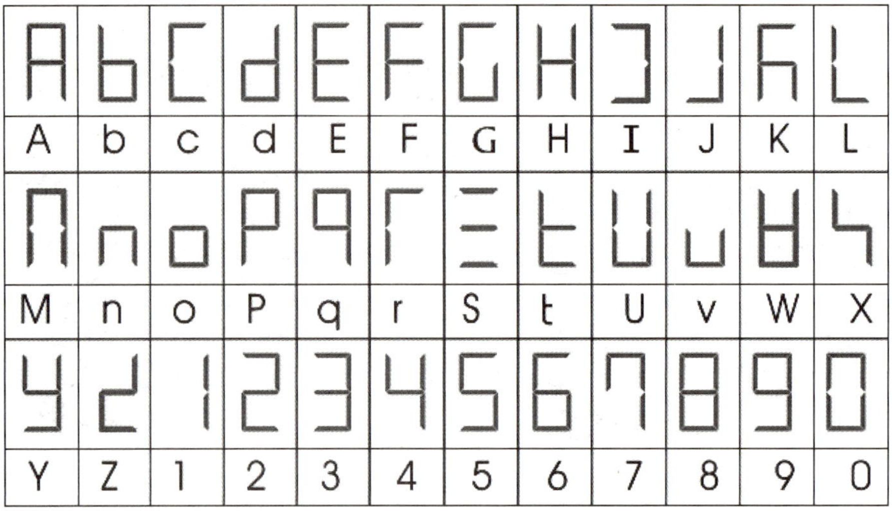

图2-1-18　七段码与字母和数字之间的对应规则

故障码，只能依靠人工到现场进行抄表后报告给管理平台，这种方法的效率非常低。

如果可以在设备七段码的前端安装一个摄像头，实时拍摄七段码的图片，并通过边缘计算的板卡实时对图片上的字符进行识别，再配套通信模块，就可以将七段码所显示的设备状态实时传送到管理平台，极大地方便设备的管理和维护。

例如，某电梯维保厂家所负责维保的电梯出现故障时，维保人员需要打开电梯柜，确定显示电梯状态的七段码，然后再进行维修。但是，打开电梯柜过程较为烦琐，而维保人员又无法提前知晓故障并准备所需维修部件。如果可以对七段码进行自动识别，则无须打开电梯柜即可提前知晓故障代码。

四　能力训练

根据给出的数据集，将文件夹"数据集/七段码ocr"中所有的七段码所对应的字符进行字符级矩形框标注。

为了使读者尽快学会操作，在本节中省略了采集数据这个步骤。如果学有余力，可以自己采集七段码的图片。

（一）操作条件

本操作需要使用具备常规功能的计算机，并在计算机中安装深度学习图形化工具"小信"。

（二）操作过程

操作步骤及对应的质量标准如表2-1-4所示。

表 2-1-4　操作步骤及其质量标准

序号	步骤	质量标准
1	数据清洗	可以正确识别和删除脏数据
2	打开软件，进入标注环境	可以通过"开始标注"按钮，正确进入标注环境
3	选择所要标注的数据集	可以通过"打开文件夹"按钮，正确选择所要标注的数据集
4	选择标注结果的保存文件夹和标注数据的保存格式	可以正确选择标注结果的保存文件夹和标注数据的保存格式
5	创建数字标注框和数据标签	可以正确创建数字标注框和数据标签，标注框应尽可能贴合数字
6	创建字母标注框和数据标签	可以正确创建字母标注框和数据标签，标注框应尽可能贴合字母
7	标注其他图片	可以正确标注其他图片

操作步骤详解如下。

▶ 步骤1　数据清洗

本节使用从真实的工业场景中获取的七段码图片，在数据标注之前，可以快速地查看文件夹"数据集/七段码ocr"中的图片，检查数据的质量，清理脏数据。

▶ 步骤2　打开软件，进入标注环境

在桌面上打开深度学习图形化工具"小信"，在其主界面单击"开始标注"，进入图片标注界面。

▶ 步骤3　选择所要标注的数据集

单击左侧的"打开文件夹"按钮，打开文件夹"数据集/七段码ocr"。此时右下角的"File List框"中会显示该文件夹下的所有文件。

▶ 步骤4　选择标注结果的保存文件夹和标注数据的保存格式

单击"保存文件夹"按钮，默认图片保存在同一个文件夹下。

默认选择PascalVOC的XML格式作为标注数据的保存格式。

▶ 步骤5　创建数字标注框和数据标签

打开一张包含数字的图片，如图2-1-19所示。该图片显示"2"和"7"两个七段码，并且这两个七段码都是倾斜的。

创建一个标注框，紧贴着数字2进行拉框，在弹出的小窗口内输入这个标注框的标签"2"，单击"OK"按钮，如图2-1-20所示。标注框应尽可能贴合数字2。

随后，创建一个新的标注框，紧贴着数字7

图 2-1-19　包含数字的图片

进行拉框，在弹出的小窗口内输入这个标注框的标签"7"，单击"OK"按钮，如图2-1-21所示。标注框应尽可能贴合数字7。需要注意的是，此时标注框应该包含完整的数码管区域，而不仅仅是点亮的数码管。

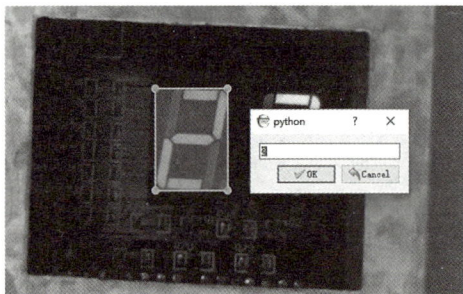

图2-1-20　创建标注框

图2-1-21　创建新的标注框

当标注完成后，单击左侧的"保存"按钮，会将标注结果保存在文件夹"数据集/七段码ocr"中。

▶ **步骤6**　创建字母标注框和数据标签

打开一张包含字母的图片，如图2-1-22所示。该图显示"E"和"v"两个七段码，并且这两个七段码都是倾斜的。

创建一个标注框，紧贴字母E进行拉框，在弹出的小窗口内输入这个标注框的标签"E"，单击"OK"按钮，如图2-1-23所示。标注框应尽可能贴合字母E。

图2-1-22　包含字母的图片

图2-1-23　创建标注框

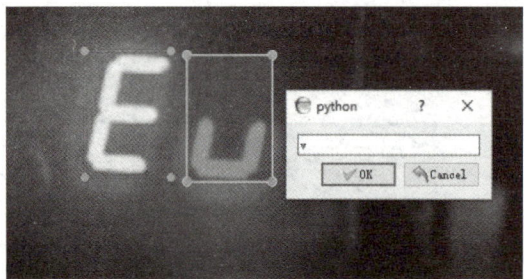

图2-1-24　创建新的标注框

随后，创建一个新的标注框，紧贴着字母v进行拉框，在弹出的小窗口内输入这个标注框的标签"v"，单击"OK"按钮，如图2-1-24所示。标注框应尽可能贴合字母v。注意，此时标注框应该包含完整的数码管区域，而不仅仅是点亮的数码管。

当标注完成后，单击左侧的"保存"按钮，会将标注结果保存在文件夹"数据集/七段码ocr"中。

步骤7 标注其他图片

请根据上面的步骤，对文件夹"数据集/七段码ocr"内的其他图片进行标注。全部标注完成后，在文件夹内会看到成功标注后的每一张图片对应一个XML文档，如图2-1-25所示。

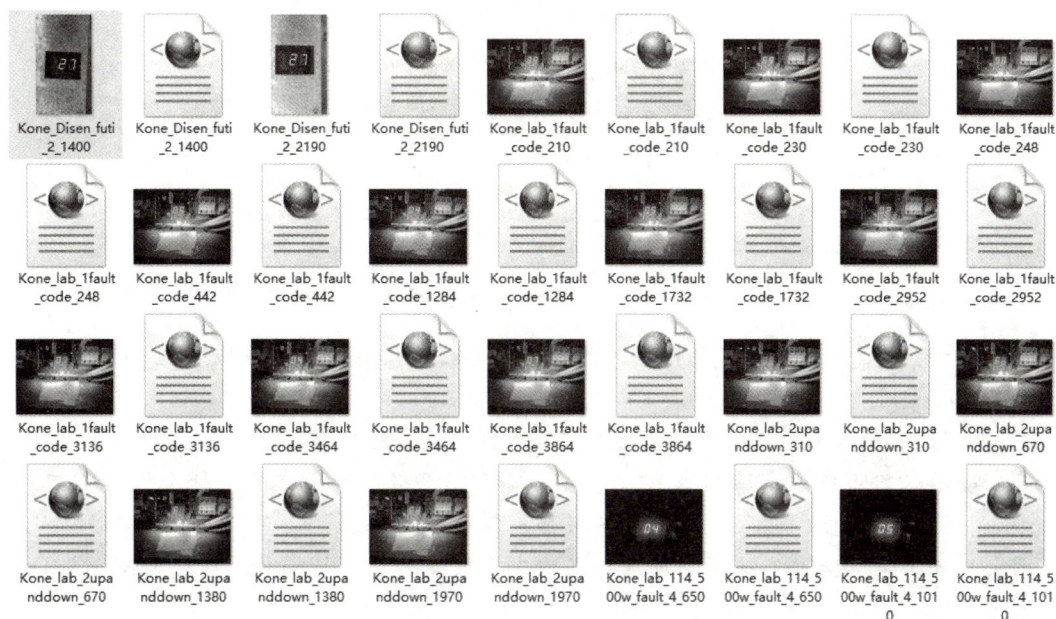

图2-1-25　完成标注的图片与XML文档一一对应

问题情境

问题1 在上面的案例中，标注工作比较简单，只需要对非常少的数字和字母进行标注。但是在实际业务中，标注的工作量通常会非常大，有没有专用的文本标注工具呢？

提示： 在实际业务场景下，标注的工作量通常会非常大。例如，图2-1-26所示的火车票所包含的文字信息量比较大，如果依靠通用的标注工具来进行标注，将非常耗时耗力。因此，需要使用专用的文本标注工具。

图2-1-26　火车票

PPOCRLabel是一款适用于OCR领域的半自动化图形标注工具。这款标注工具可以大批量地进行自动标注，如图2-1-27所示。在完成自动标注后，只需要检查每一张图片的标注结果，修改标注错误的地方（或者删除自动标注的不需要的地方和文

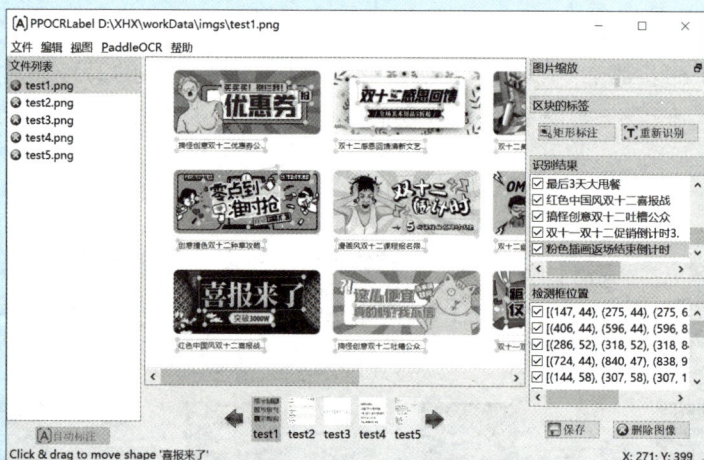

图2-1-27　大批量自动标注示例

字），并进行确认就可以。可以到网址https://gitee.com/avBuffer/PPOCRLabel/学习这个工具的使用。

问题2　除了七段码以外，还有哪些仪表可以进行远程读表？

提示：各种仪表（诸如水表、电表、气表等）数量巨大，广泛地分散在家庭、企业、机关、学校、园区、社区等领域甚至犄角旮旯的隐秘位置，具有数量多、范围大、分布杂、标准不统一的特点，很难实现仪表数据查抄的精准化、实时化和标准化。

在生活和工作当中，我们大都经历过工作人员上门来查抄水表、电表数据，以及反复确认、模糊误抄等情况，不法分子以抄表为借口入室行窃等事件偶有发生。如果这些仪表能够自动报数就能规避此类风险。

在工厂中，通常需要进行人工巡检，工人需要定时到厂区的各个地方对水电热气等仪表进行抄表，发现仪表超限需要及时报警。但是，工厂中有些区域比较危险，人工抄表存在安全隐患。另外，人工抄表可能不及时，还有可能出现估抄、漏抄、错抄等情况。

此时可以利用机器视觉技术实现远程自动抄表。通过在仪表前端安装摄像头和物联网模块，将表头数据实时传送到后台，再通过字符识别实时地获取仪表的数据，实现仪表的在线化管理。

（三）学习结果评价

请将学习结果评价填入表2-1-5中。

表 2-1-5　学习结果评价

序号	评价内容	评价标准	评价结果（是/否）
1	七段码及其对应规则	能正确认识七段码，会正确匹配七段码与字母和数字	
2	七段码的应用	能举例说明七段码的应用，并能说明机器视觉自动识别七段码的作用	
3	数据清洗	可以正确删除字符脏数据	
4	字符数据标注	可以正确打开软件，进入标注环境，选择所要标注的数据集，选择标注结果的保存文件夹，选择标注数据的保存格式，创建标注框和数据标签并保存标注结果	
5	文本标注工具	能说出至少一个专用的文本标注工具的名称	

（五）拓展阅读

在数据标注行业中，一般有以下三类不同的职业岗位。

（1）标注员：负责标注数据，通常由经过一定专业培训的人员来担任。在一些特定场合或者对标注质量要求极高的行业（如医疗），也可以直接由模型训练人员（程序员）或者专家来担任。

（2）审核员：负责审核已标注的数据，完成数据校对和数据统计，适时修改错误并补充遗漏的标注。这个角色往往由经验丰富的标注人员或权威专家来担任。

（3）管理员：负责管理相关人员，发放和回收标注任务。

数据标注过程中的各个角色之间相互制约，各司其职，每个角色都是数据标注工作中不可或缺的一部分。

此外，已标注的数据往往用于机器学习和人工智能中的算法，这就需要模型训练人员利用人工标注好的数据训练出算法模型。产品评估人员则需要反复验证模型的标注效果，并对模型是否满足上线目标进行评估。

数据标注是人工智能技术中非常重要的环节，标注结果的质量直接影响到人工智能模型的准确性和可靠性。因此，数据标注师的工作岗位十分重要。

2021年3月23日，百度公司正式在港交所上市。除了6位高管成员集体亮相上市现场，百度还邀请了三位"素人"一同敲钟，其中一位就是数据标注师郭梅。

2018年9月底，郭梅入职百度（山西）人工智能基础数据产业基地，成为一名"AI数据标注师"。刚刚接触新工作时，郭梅也遇到过困难和不适应，对工作的重要性理解不深刻。经过基地的岗前培训和团队的帮助，郭梅最终坚持了下来。从一开始每天只能标注两三百张图片，到后来一天能完成1300多张图片，按件计酬的工资收入逐步提高，远高于当地平均收入水平。如果说AI技术是冰冷的，那么参与建造AI生态的人却是有温度的。作为一位母亲，郭梅对自己做过的人脸识别项目印象深刻，想到自己标注的人脸数据会被用到"百度AI寻人"这样的平台上，帮助走失的孩子重回父母怀抱，她觉得自己"标注的每一个点都有它的社会意义"。因此，她更加仔细地处理每一条数据，对标注过程中的每一个细节都非常严谨和认真，确保标注结果的准确性。（资料来源：https://baijiahao.baidu.com/s?id=1694995786731855687&wfr=spider&for=pc）

课后作业

职业能力编号：＿＿＿＿＿＿＿＿＿＿＿＿＿＿＿＿＿＿＿＿＿

班级：＿＿＿＿＿＿＿＿＿　　　　姓名：＿＿＿＿＿＿＿＿＿　　　　日期：＿＿＿＿＿＿＿＿＿

1. 以下选项中，属于行级矩形框标注和行级内容转写的是（　　　）。

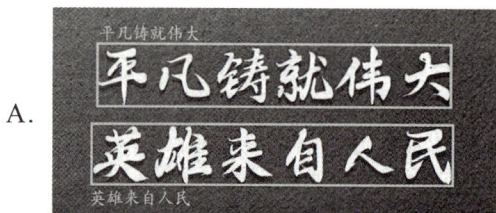

A.

B.

2. 以下对七段码的标注中，正确的选项是（　　　）。

A.

B.

C.

D.

3. 打开一个标注好的七段码所对应的 XML 格式文档，指出其中所记录的文件夹、图片名称、图片路径、图像尺寸、数据标签、标注矩形框坐标等信息。

＿＿＿＿＿＿＿＿＿＿＿＿＿＿＿＿＿＿＿＿＿＿＿＿＿＿＿＿＿＿＿＿＿＿

＿＿＿＿＿＿＿＿＿＿＿＿＿＿＿＿＿＿＿＿＿＿＿＿＿＿＿＿＿＿＿＿＿＿

＿＿＿＿＿＿＿＿＿＿＿＿＿＿＿＿＿＿＿＿＿＿＿＿＿＿＿＿＿＿＿＿＿＿

＿＿＿＿＿＿＿＿＿＿＿＿＿＿＿＿＿＿＿＿＿＿＿＿＿＿＿＿＿＿＿＿＿＿

任务 2-2 训练和部署产品字符检测模型

职业能力 2-2-1
能训练产品字符检测模型

一 核心概念

1 模型训练

模型训练就是通过调节模型的参数，使模型可以很好地拟合训练数据的过程。训练深度学习模型需要 GPU 的硬件支持，也需要较多的训练时间。

在模型的训练过程中，模型只能利用训练数据来进行训练，并不能接触到测试集上的样本，故需要构建验证数据集对模型进行验证。

2 模型和算法的区别

简单地说，算法是完成一个任务所需的具体步骤和方法，是用于逐步解决问题的有限指令集。

模型是指基于已有数据集，运行机器学习算法后所得到的输出。简单来说，模型就是通过算法可以学到的东西，数据＋算法＝模型。

二 学习目标

- 说明对字符图片进行样本增广时的注意事项。
- 会使用深度学习图形化工具"小信"训练模型。

三 基本知识

1 对字符图片进行样本增广时，有哪些注意事项？

对字符图片进行样本增广时，需要注意的是，不可以对图片进行左右镜像翻转或者上下镜像翻转的操作，否则字符会出现错误，如"2"会被左右镜像翻转为"5"（图 2-2-1），"9"会被上下镜像翻转为"6"（图 2-2-2）。

图 2-2-1　左右镜像翻转错误　　　　　　图 2-2-2　上下镜像翻转错误

2 在深度学习图形化工具"小信"中，按照什么规则预设字符数据的增广方式？

在深度学习图形化工具"小信"中，字符数据增广方式的设定规则是判断在数据集的文件夹名称中是否包含小写字母"ocr"，若包含小写字母"ocr"，则不对图片进行左右或者上下镜像翻转操作。

四　能力训练

利用职业能力2-1-2所标注的"七段码ocr"的数据，使用深度学习图形化工具"小信"来训练和部署识别七段码的算法模型。

（一）操作条件

已经根据职业能力2-1-2的要求，完成了"七段码ocr"文件夹内的数据标注。

（二）操作过程

操作步骤及对应的质量标准如表2-2-1所示。

表 2-2-1　操作步骤及其质量标准

序号	步骤	质量标准
1	选择图片目录	可以通过"选择训练图片目录"按钮，正确选择图片目录
2	设置参数	可以通过"设置参数"按钮，对模型参数进行配置
3	样本增广	可以通过"样本增广"按钮，正确进行样本增广
4	开始训练模型	可以通过"开始训练"按钮，正确开始模型训练
5	结束训练	可以根据box指标的变化，正确判断结束训练的时间点
6	开始测试	可以通过"开始测试"按钮，正确开始模型测试

操作步骤详解如下。

步骤1 选择图片目录

单击"选择训练图片目录"按钮，在弹出的对话框中选择文件夹"数据集/七段码ocr"，导入职业能力2-1-2中已经标注好的数据集，如图2-2-3所示。

图 2-2-3　导入数据集

步骤2 设置参数

本节使用程序的默认参数进行训练，不做调整，如图2-2-4所示。

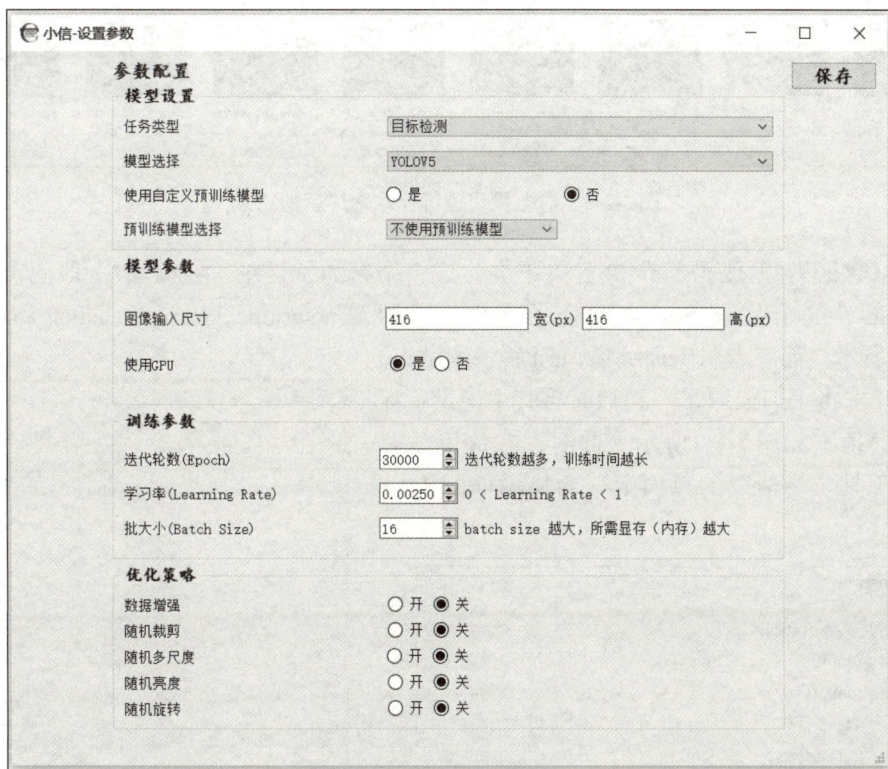

图 2-2-4　程序默认参数

▶ **步骤3**　样本增广

在主界面单击"样本增广"按钮，此时，程序会自动对文件夹"数据集/七段码ocr"内的数据进行样本增广。图2-2-5所示是对七段码进行样本增广后的结果，这里只是增广了图片的亮度和对比度，没有进行左右或上下镜像翻转的操作。

图2-2-5　对七段码进行样本增广后的结果

在"数据集/七段码ocr"文件夹下会生成一个新的子目录"数据集/七段码ocr/work_pa/augout"，这个目录下包含四个子文件夹，即Annotations、images、labels和test，如图2-2-6所示。前三者属于训练集，test属于测试集。

打开文档"classes.txt"，可以看到其中记录了标记的标签值，如图2-2-7所示。此时，在深度学习图形化工具"小信"的界面上，会显示如图2-2-8

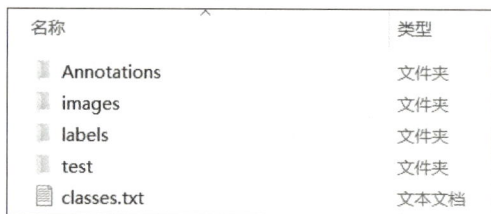

图2-2-6　子文件夹

图2-2-7　标记的标签值

所示的提示信息。其中，xml2coco是指将已有的VOC的XML文档转换成TXT格式的文档。

图2-2-8　样本增广界面显示

▶ **步骤4**　开始训练模型

单击"开始训练"按钮。此时，程序会判断是否已经做好样本增广，如果没有做样本增广，程序会自动完成这项工作，随后会调用YOLOV5模型训练数据。

在训练过程中，"小信"的界面上会显示如图2-2-9所示的信息。

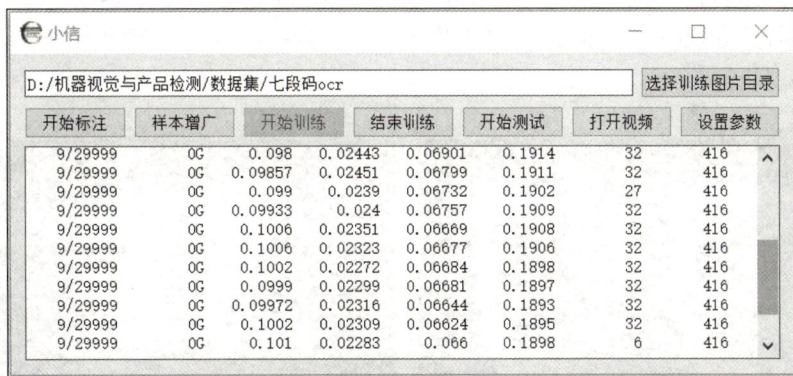

图2-2-9　模型训练信息

在后台运行的cmd窗口中也会同步显示上述信息，此外还会有一个进度条，显示当前迭代轮数下的整体进度。

▶ **步骤5**　结束训练

当box值降至0.01以下，或经过10多个迭代轮数都不再下降，此时可以认为模型已经训练完毕。单击"结束训练"按钮，手动停止训练。

软件会在"数据集/七段码ocr/work_pa"目录下生成新的子目录"数据集/七段码ocr/work_pa/train"，如图2-2-10所示。每个迭代轮数训练结束后，都会在这个文件夹内输出相应的训练过程数据。

图 2-2-10 "train" 文件夹

在 train 文件夹下的子文件夹 "train/weights" 中，存储了当前训练好的模型 best.pt。

软件也会在"数据集/七段码 ocr/work_pa"目录下生成新的子目录"数据集/七段码 ocr/work_pa/est/out"。每个迭代轮数训练结束后，都会在这个文件夹内输出相应的测试结果。通过检测这些测试结果可以评估训练结果。

图 2-2-12、图 2-2-13 是经过 667 轮训练后输出的测试结果。在图 2-2-12 中，算法模型正确识别了七段码的数值，输出正确的检测框和标签值。在图 2-2-13 中，算法模型正确识别了七段码的数值，输出正确的检测框和标签值。

在"train"文件夹下的 results.txt 文件记录了每个迭代轮数对应的参数信息，文件中第 3～6 列分别对应 box 值、obj 值、cls 值、total 值。由图 2-2-11 可以发现，随着 Epoch 值的增加，box 值、obj 值、cls 值、total 值均逐渐下降。

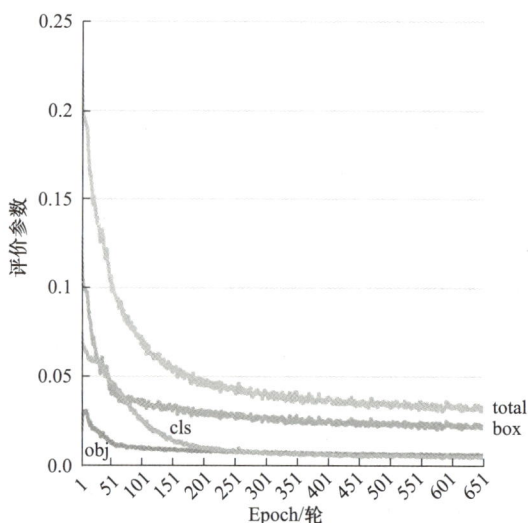

图 2-2-11 参数信息的变化情况

图 2-2-12 测试结果 1

图 2-2-13 测试结果 2

图 2-2-14 测试结果 3

可以看到，在某些图片中，算法可以正确地识别七段码的数值，但是在某些图片中会出现错误，如图 2-2-14 所示，虽然正确识别到七段码的区域，但同时也将其他区域误认为是七段码。这就像学生学习，经过一段时间的学习和训练后，在考试时可以完成较为简单的试题，但是对于较难的试题还需要进一步练习才能掌握。

在算法模型的训练中重点关注 box 值，通常当 box 值降至0.01以下时算法完成训练。因此，当训练结果不理想时，可以重新单击"开始训练"按钮。软件会自动载入之前训练过的模型（也就是best.pt文件），在已有模型的基础上继续训练。

▶ **步骤6**　开始测试

在主界面单击"开始测试"按钮，选择所要测试的数据集所在的文件夹。"小信"会在该图片目录下生成一个新的文件夹"out"，并在这个文件夹内输出相应的测试结果。

确保已经选好训练图片目录。如果没有选择，则单击"选择训练图片目录"按钮，选择"数据集\七段码ocr"文件夹。在该文件夹内的"\work_pa\train\weights"目录下，有训练好的算法模型（也就是best.pt文件）。

🔧 **问题情境**

问题1　在工业领域的具体应用上，产品字符检测有什么难点吗？

提示： 在本任务中，为了降低难度，选用七段码进行字符识别的练习。在实际生产环境中，则需要面对许多困难的任务。

在药品行业，药品的生产日期、生产批次、有效期统称为"药品三期"，如图2-2-15所示。药品三期信息至关重要，一旦标识出错的药品流通到市场上，会直接影响消费者的身体健康甚至生命安全。因此药品外包装的三期信息检测是药品工业中非常重要的环节，对检测精度、检测速度、质量把控的要求都非常严格。传统单

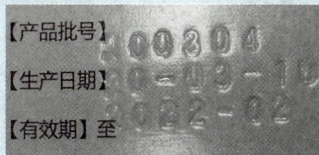

图 2-2-15　药品三期

一的人工检测劳动强度大、效率低，误检和漏检的现象时有发生，无法满足工业上的高速流水作业。

药品厂家在包装质量检测中，需要检测以下内容。

（1）药品三期的字符是否完整。

（2）药品三期的字符内容是否有缺失。

（3）药品三期的字符内容是否正确，需要检出率达到98%以上。

此外，在药品流通环节也需要对药品三期进行检测。这个过程中的问题更加复杂，主要包括变量环境、钢印深浅、有无干扰项、有无褶皱等，如图2-2-16～图2-2-21所示。

问题2　在工业的具体应用上，产品字符检测工作流程是怎样的？

提示： 以药品三期检测为例，产品字符检测的工作流程如下。

（1）在输送机上安装喷码机和OCR字符视觉检测系统。

（2）根据当前批次对药品三期进行喷码。

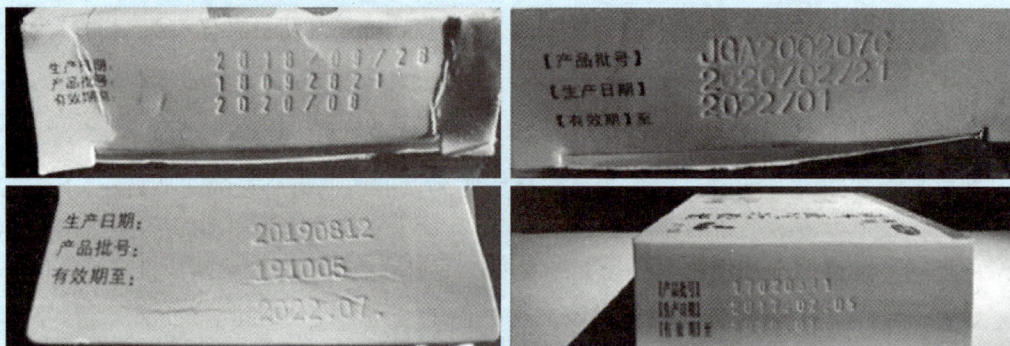

图 2-2-16　药盒规格、颜色、新旧程度差异较大，不统一

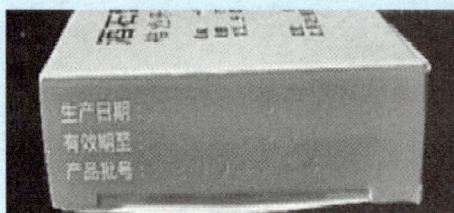

图 2-2-17　钢印浅，难识别

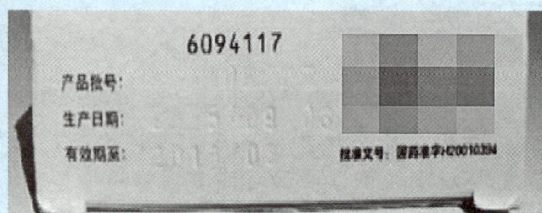

图 2-2-18　钢印浅且有其他印刷字体干扰

图 2-2-19　钢印有布纹背景，识别难度大

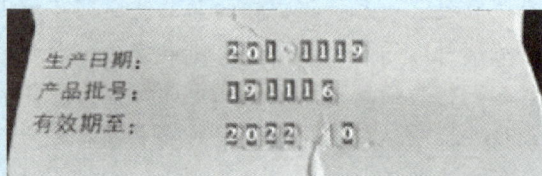

图 2-2-20　钢印加褶皱

图 2-2-21　打印的汉字与钢印字符有部分重合

（3）药盒打码后，流入视觉检测工位时会触发机器视觉传感器，相机拍摄产品图片，送入检测系统。

（4）检测系统对所拍图片进行提取分析，并和设定值比较，确认药盒喷码字符是否缺失、模糊。

（5）当检测到药盒喷码字符缺失、模糊时，系统剔除装置发出信号，请求给予剔除处理及报警提示。

（6）若药盒喷码字符正常，则送入自动收料装置。

产品字符检测的设备如图 2-2-22 所示。

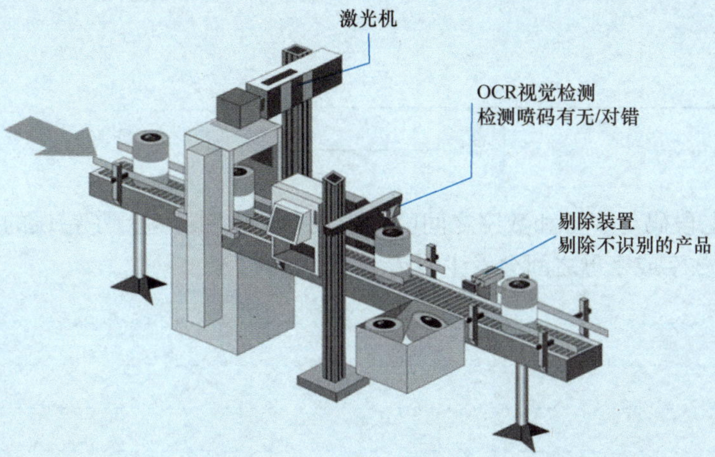

图2-2-22 产品字符检测的设备

（三）学习结果评价

请将学习结果评价填入表2-2-2中。

表2-2-2 学习结果评价

序号	评价内容	评价标准	评价结果（是\否）
1	字符图片样本增广限制	能举例说明样本增广时，上下镜像或者左右镜像翻转容易出现的问题	
2	会使用深度学习图形化工具"小信"训练模型	会正确使用深度学习图形化工具训练字符模型	

五 拓展阅读

PaddleOCR是百度推出的一款开源OCR项目，旨在打造一套丰富、领先且实用的OCR工具库，助力开发者训练出更好的模型并应用落地。该项目在Medium（一个轻量级内容发行平台）与Papers with Code（一个机器学习资源网站）联合举办的"Top Trending Libraries of 2021"评选活动中，从百万量级项目中脱颖而出，荣登前十名榜单。

百度还发布了交互式OCR开源电子书《动手学OCR》，覆盖OCR全栈技术的前沿理论与代码实践，并配套教学视频。可以参考网址 https://gitee.com/paddlepaddle/PaddleOCR/blob/release/2.6/doc/doc_ch/ocr_book.md 进行学习。

课后作业

职业能力编号：_____

班级：_____　　　姓名：_____　　　日期：_____

1. 请对照七段码与字母和数字之间的对应规则，说明若进行了错误的上下或者左右镜像翻转，哪些数字或字母之间会发生混淆。

---

2. 某种疫苗要求确保保管冰箱的温度低于−80℃，需要对冰箱的温度进行实时监控。某冰箱使用七段码显示温度值。但是由于设备太老旧，设备本身不提供数据接口，获取数据不方便。如果使用人眼进行监控，则容易发生错漏。工程师引入了一个摄像头，再通过人工智能的算法来自动识别冰箱的温度，当温度超出设定范围后就会向管理人员发出邮件警报，如图2-2-23所示。请阐述引入这种方案后的优点。

图 2-2-23　自动识别冰箱的温度

职业能力 2-2-2
能在不同的终端部署产品字符检测模型

一　核心概念

1　模型部署

当完成模型的训练过程后,为了让模型可以实现它的价值,需要对模型进行部署,即在特定的硬件设备和系统环境限制下,使用模型进行推理。

将模型提供给最终用户,以便客户应用,模型部署是任何深度学习项目的最后阶段之一。这里所指的特定的硬件设备和系统环境,根据具体情况而定,可以是计算机,可以是一台在车间里用于外观检测机器上的工控机,也可以是手机,还有可能是机器人或无人驾驶的车辆等。

2　深度学习框架

深度学习框架(deep learning frameworks)是一种界面、库或工具,它使编程人员在无须深入了解底层算法细节的情况下,能够更容易、更快速地构建深度学习模型。深度学习框架利用预先构建和优化好的组件集合定义模型,为模型的实现提供了一种清晰而简洁的方法。

如果利用开源的深度学习框架,可以大幅度简化复杂的大规模深度学习模型的实现过程。在深度学习框架下构建模型,无须花费几天或几周的时间从头开始编写代码,便可以轻松实现诸如卷积神经网络这样复杂的模型。

图 2-2-24 显示了常见的 8 个深度学习框架,其中,PyTorch 和 TensorFlow 凭借其成熟性和易用性受到了大家的欢迎,是目前使用最为广泛的深度学习框架。

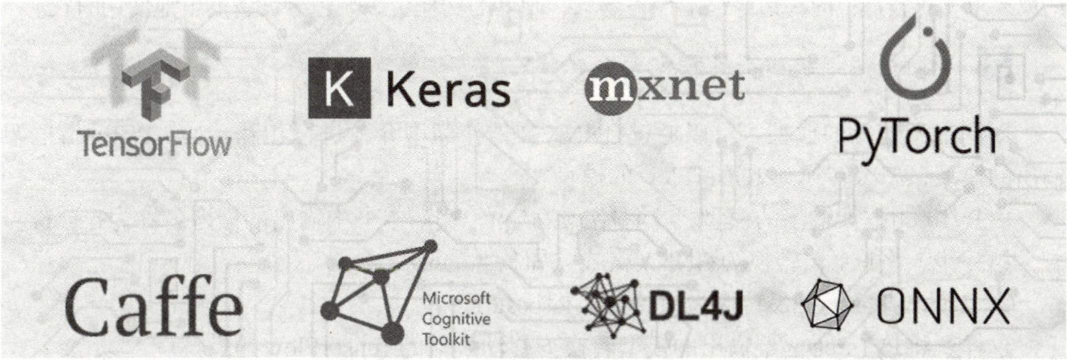

图 2-2-24　常见的 8 个深度学习框架

本书的深度学习图形化工具"小信"使用PyTorch 1.10.0作为底层深度学习框架。

3　ONNX文件

ONNX文件，指开放式神经网络交换（open neural network exchange，ONNX）文件，它是一种针对机器学习而设计的开放式的文件格式，用于存储训练好的模型，可以使不同的深度学习框架采用相同的格式存储模型数据。使用不同框架训练的模型，转换为ONNX格式后，可以很容易地部署在兼容ONNX的运行环境中。

二　学习目标

- 说明不同的终端设备对模型部署的影响。
- 说出深度学习框架的概念，并知道主流的深度学习框架。
- 说出不同框架训练出来的模型的转换方法。
- 说明使用"小信"手机版在手机上部署模型的方式。

三　基本知识

1　不同的终端设备，对模型部署会有哪些影响？

第一，不同硬件上采用的不同框架会导致模型文件格式不同。在训练模型时，通常使用的是特定的深度学习框架，而不同的深度学习框架所产生的模型参数文件的格式是不同的。在不同的终端设备上，其所使用的深度学习框架，可能与训练时所使用的深度学习框架不同，因此，模型文件的格式需要进行相应的转换。

第二，不同的终端计算硬件也不同，导致其所能提供的计算资源差距很大。例如，在平时所使用的计算机、手机、人脸识别门禁这三种设备上进行常见的人脸识别，其所能提供的计算资源都受制于具体的计算硬件。

第三，不同的终端设备，对于功耗的要求也不一样。在数据中心服务场景，对于功耗的约束要求相对较低；而在边缘终端设备场景，硬件的功耗会影响边缘设备的电池使用时长。

2　不同框架训练出来的模型怎么转换？

不同框架训练的模型，可以通过ONNX文件作为中介，进行相互转换。PyTorch框架输出的模型，怎么转换为TensorFlow的模型？

由PyTorch框架输出的模型，文件格式为*.pt，例如本书中输出的模型名称为best.pt。

第一步，将best.pt转换为ONNX格式，即best.onnx；

第二步，将best.onnx转换为.tf格式，即best.tf。

这样就将PyTorch框架输出的模型转换为移动终端的TensorFlow的模型。

整个转换过程如图2-2-25所示。

3 什么是TorchScript？

TorchScript是PyTorch模型推理部署的中间表示，可以在高性能环境中直接加载，实现模型推理，而无须依赖PyTorch训练框架。其移动终端版本为TorchScript Lite。

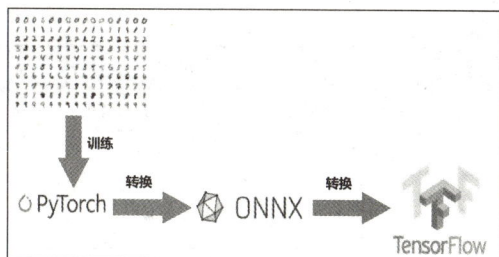

图2-2-25　模型的训练和转换

4 什么是Android Studio？

Android Studio适用于Android应用开发的集成开发环境（IDE），提供了集成的Android开发工具用于开发和调试。

在本节中，将使用训练好的模型，结合Android Studio，导出apk文件，用于在手机上部署模型。

5 什么是apk文件？

所谓apk文件，是Android应用程序包（Android application package），是Android操作系统使用的一种应用程序包文件格式，用于分发和安装移动应用及中间件。一个Android应用程序的代码想要在Android设备上运行，必须先进行编译，然后打包成为一个被Android系统所能识别的文件后才能运行，而这种能被Android系统识别并运行的文件便是apk文件。

（四）能力训练

使用深度学习图形化工具"小信"和"小信"手机版分别在计算机中和手机端部署识别七段码的算法模型。

（一）操作条件

已经根据职业能力2-2-1的要求，完成了识别七段码算法模型的训练，并安装Android Studio 4.0.1以上版本。

（二）操作过程

操作步骤及对应的质量标准如表2-2-3所示。

表2-2-3　操作步骤及其质量标准

序号	步骤	质量标准
1	寻找身边的七段码	可以找到至少3个身边的七段码
2	在计算机中部署模型	可以选择训练图片目录、打开视频
3	在计算机中识别七段码	可以正确地识别七段码

续表

序号	步骤	质量标准
4	将模型文件转换为移动终端的TorchScript Lite的文件	可以正确地将 *.pt 文件转换为 *.torchscript.ptl 文件
5	在 Android Studio 中输出 apk 文件	可以在 Android Studio 中正确输出 apk 文件
6	在手机中安装APP，识别七段码	可以在手机中安装APP，对步骤1所找到的七段码进行正确识别
7	整理归位	将使用的设备放至原处，清理桌面

操作步骤详解如下。

▶ 步骤1　寻找身边的七段码

请寻找身边使用到七段码的设备。楼宇门铃、空调控制面板、冰箱温度面板等都使用了七段码，如图2-2-26所示。

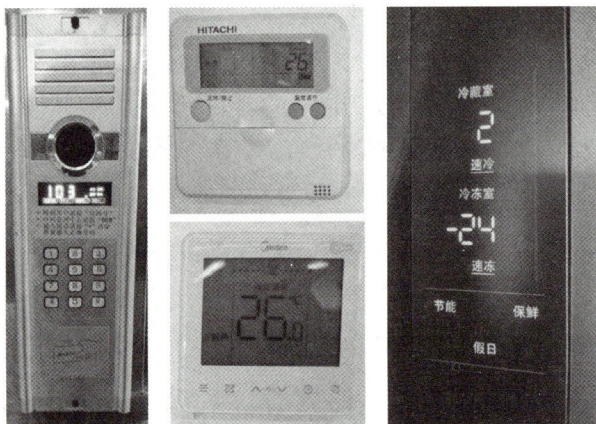

图2-2-26　身边的七段码

▶ 步骤2　在计算机中部署模型

打开深度学习图形化工具"小信"，选择训练图片目录。

在主界面单击"选择训练图片目录"按钮，选择"数据集/七段码"文件夹。在该文件夹内的"\work_pa\ train\weights"目录下，有训练好的算法模型，即best.pt文件。

选择训练文件目录后，会自动载入目录中训练好的模型（如果没有训练模型则不会成功加载模型，模型部署会失败）。

在主界面单击"打开视频"，"小信"会自动调用计算机中0号摄像头，并调用训练好的模型进行检测，并显示如图2-2-27所示的调用信息。在图中可以看到，这个卷积神经网络模型有224层、7088971个参数、每秒164亿次的浮点运算数。

▶ 步骤3　在计算机中识别七段码

当摄像头监控区域有七段码出现时，该算法模型会自动识别七段码，并显示对应的检

图2-2-27　显示调用信息

测框。

例如，当图2-2-28中七段码进入摄像头监控区域，会出现一个实时的检测框，并已被标注为对应的数字"0"。

▶ 步骤4 将模型文件转换为移动终端的TorchScript Lite的文件

将"\work_pa\ train\weights"目录下训练好的算法模型best.pt文件，拷贝到文件夹"yolov5_export_torchscript"中，双击批处理文件"run_export.bat"，会将best.pt模型转换为best.torchscript.ptl，如图2-2-29所示。

图2-2-28　在计算机中部署模型后七段码的检测结果

▶ 步骤5 在Android Studio中输出apk文件

将步骤4中导出的best.torchscript.ptl文件，以及文件夹"\work_pa\augout"下的classes.txt文件，拷贝到文件夹"ObjectDetection\app\src\main\assets"下，如图2-2-30所示，在这里另外放入3张包含七段码的图片作为测试。

打开软件Android Studio，打开目录ObjectDetection下的项目，如图2-2-31所示。

有以下几点请务必注意。

第一，在build.gradle文件中，应包含如图2-2-32所示的代码，其中"1.10.0"与"小信"所使用的PyTorch的版本号是一致的。若其他模型所依赖的版本号与此不同，需要做相应的修改。

第二，在PrePostProcessor.java文件中，如图2-2-33所示，mInputWidth和mInputHeight的数值，与职业能力2-2-1中"能力训练"部分的步骤2里所设置的"图像输入尺寸"应

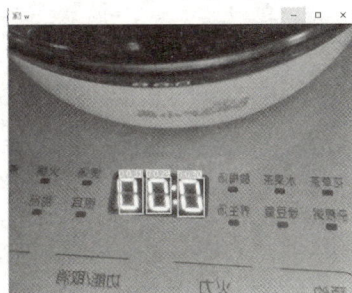

图 2-2-29　文件夹"yolov5_export_torchscript"

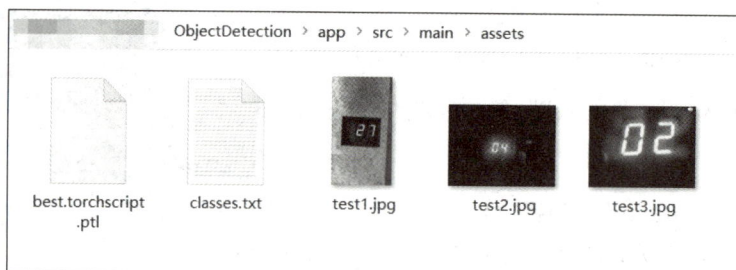

图 2-2-30　assets 文件夹下的文件

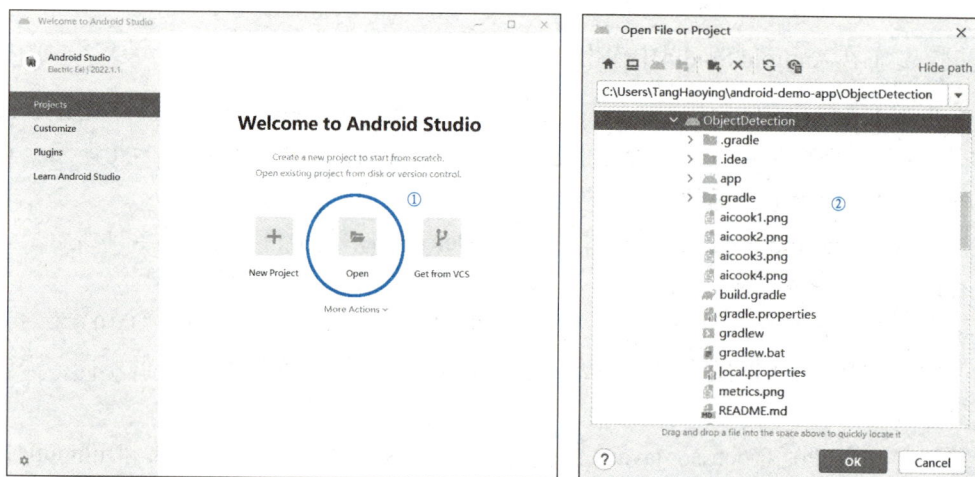

图 2-2-31　打开目录 ObjectDetection 下的项目

```
39
40              implementation 'org.pytorch:pytorch_android_lite:1.10.0'
41              implementation 'org.pytorch:pytorch_android_torchvision_lite:1.10.0'
42        }
```

图2-2-32　build.gradle文件中的PyTorch版本号信息

```
33          // model input image size
            4 usages
34          static int mInputWidth = 416;
            4 usages
35          static int mInputHeight = 416;
36
37          // model output is of size 25200*(num_of_class+5)
            1 usage
38          private static int mOutputRow = 10647; // as decided by the custom model for input image of size 416*416
            10 usages
39          private static int mOutputColumn = 19; // left, top, right, bottom, score and number of class probability
            2 usages
40          private static float mThreshold = 0.30f; // score above which a detection is generated
            1 usage
41          private static int mNmsLimit = 15;
```

图2-2-33　PrePostProcessor.java中的信息

一致，都为416。

第三，mOutputRow的数值计算方法为"图像输入尺寸×图像输入尺寸×25200/640/640"，这里的计算结果为10647。mOutputColumn的数值计算方法为"classes.txt文件中所包含的类别数+5"。在七段码所对应的classes.txt文件中，定义了14个七段码的类别，即0、1、2、3、4、5、6、7、8、9、E、_、d、u，因此，mOutputColumn=19。若其他模型所对应的参数与此不同，这里需要做相应修改；否则，所输出的apk文件安装后会出现闪退的问题。

在Android Studio中，单击任务栏的Build→Build Bundle(s) / APK(s) →Build APK(s)，输出apk文件，如图2-2-34所示。

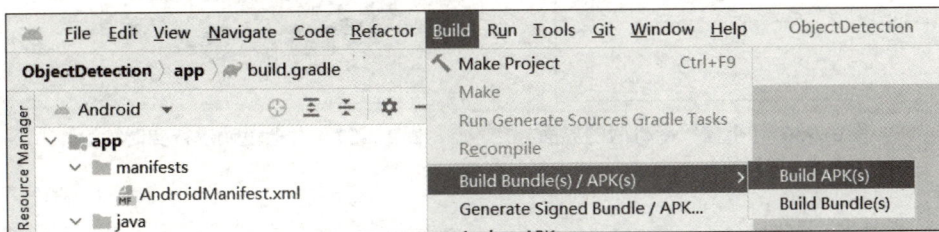

图2-2-34　输出apk文件

稍后，在右下角会出现一个弹框提示（图2-2-35），单击"locate"之后会自动打开apk文件所在的位置，该文件位于目录"ObjectDetection\app\build\outputs\apk\debug"下。

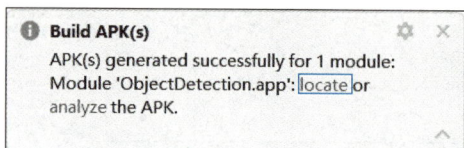

图 2-2-35 单击 "locate" 定位 apk 文件位置

步骤6 在手机中安装APP，识别七段码

将apk文件下载到安卓手机里并安装，安装成功即可以运行项目APP。

该APP界面如图2-2-36所示。选择测试图片后单击 "检测"，即可看到字符识别效果，或单击 "选择图片"，选取手机中的测试图片，或单击 "实时视频"，调用手机摄像头对字符进行实时检测。

请到步骤1所找到的七段码前，使用手机，对七段码进行识别。在使用手机识别七段码时应注意安全，不要做危险动作，不要进入危险区域。

例如，当单击 "实时视频"，调用手机摄像头，对如图2-2-37所示面板中的七段码进行实时检测时，就可以获得图中所示七段码检测结果。可以看到，所使用的模型正确识别了七段码2，但是没有识别出七段码0。

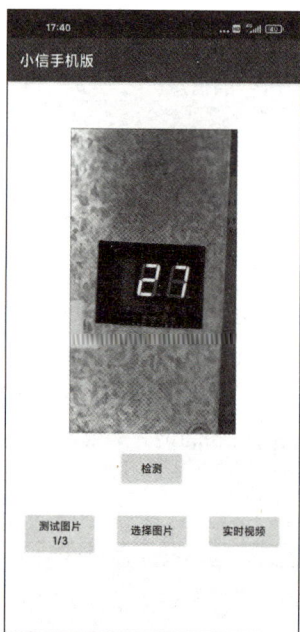

图 2-2-36 "小信" 手机版的界面

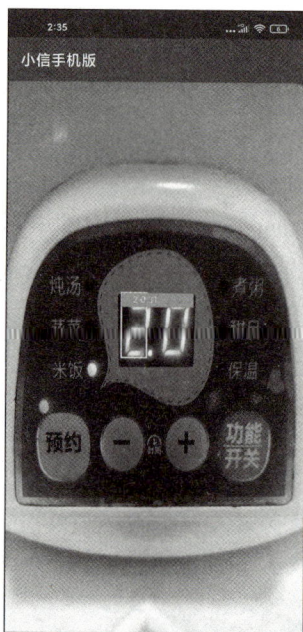

图 2-2-37 对七段码进行实时检测

步骤7 整理归位

关闭计算机，整理桌面。

问题情境

问题1　在本节中只是对模型部署过程进行了简单演示，那么在实际的生产环境中，会怎么部署模型呢？

提示： 在本节的演示中，并未考虑硬件资源、数据吞吐量等因素的影响。

硬件资源这一点非常好理解。当使用不同配置的手机时，打开和运行APP的效率相差很多。同样地，使用不同配置的硬件时，进行模型部署和推理的效率也会相差很多。

数据吞吐量是指单位时间内所需要处理的数据量。数据吞吐量越大，对硬件资源的需求也会越大。

问题2　怎么将使用TensorFlow框架开发的模型转换为移动终端使用呢？

提示： 可以使用TensorFlow Lite来实现。

它是一种基于TensorFlow开发的、用于设备终端推理的开源深度学习框架，可以把训练好的模型部署应用在移动终端或者嵌入式终端，该框架在库的大小、开发方便程度、跨平台性、性能之间达成一个平衡。TensorFlow Lite生成的模型文件为*.tflite文件。

TensorFlow转化器可以把训练好的模型转化成TensorFlow Lite的格式，最后部署应用在移动终端。在手机端安装TensorFlow Lite解析器后，会读取该模型，并高效地运行它。

（三）学习结果评价

请将学习结果评价填入表2-2-4中。

表2-2-4　学习结果评价

序号	评价内容	评价标准	评价结果（是\否）
1	终端设备对模型部署的影响	可以简单说明不同终端设备对模型部署的影响	
2	深度学习框架	能说出至少2个深度学习框架的名称	
3	模型转换	能说出使用不同框架之间模型文件的转换方法，会画简单的示意图	
4	字符检测模型部署	可以正确地使用"小信"在计算机中部署字符检测模型，并进行推理	
5	手机端模型部署	可以简单说明使用"小信"手机版在手机中部署模型的方式	

五　拓展阅读

（一）国内有哪些优秀的深度学习框架？

1　华为昇思MindSpore

昇思MindSpore是华为发布的全场景AI计算框架，该框架是一款支持端、边、云独立/协同的统一训练和推理框架，图2-2-38展示了MindSpore框架的结构。

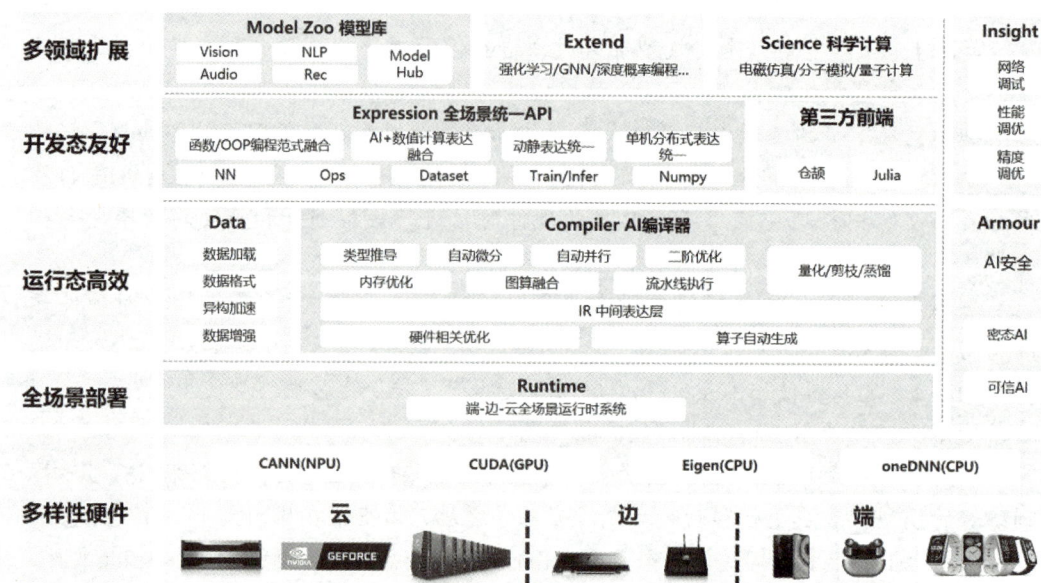

图 2-2-38　MindSpore框架的结构

2　旷视天元MegEngine

天元MegEngine是旷视科技AI生产力平台Brain++的核心组件，旷视已将其开源。图2-2-39展示了MegEngine的架构，它是一个快速、可扩展、易于使用且支持自动求导的深度学习框架，包括动静结合的训练能力、训练推理一体化及全平台高效支持等三个特性。

图 2-2-39　MegEngine的整体架构

除此之外，为了方便开发者迁移并降低学习成本，旷视团队还对MegEngine框架做了全面升级，在整个框架的接口设计及接口命令等方面，尊重开发者在PyTorch机器学习和数学计算的使用习惯，让开发者可以在最短时间内快速上手。

3 清华大学计图（Jittor）

计图（Jittor）是清华大学可视媒体智能计算团队开源的深度学习框架，该框架完全基于动态编译、内部使用创新的元算子和统一计算图。元算子和NumPy一样易于使用，并且超越NumPy，能够实现更复杂更高效的操作。NumPy（numerical Python）是Python语言的一个扩展程序库，支持大量的维度数组与矩阵运算，此外也针对数组运算提供大量的数学函数库。而统一计算图则融合了静态计算图和动态计算图的优点，在易于使用的同时，提供了高性能的优化。图2-2-40为计图（Jittor）的官网。

图 2-2-40　计图（Jittor）官网

4 百度飞桨 PaddlePaddle

飞桨PaddlePaddle是百度开发的深度学习框架。该框架以百度多年的深度学习技术研究和业务应用为基础，是中国首个自主研发、功能完备、开源的产业级深度学习平台，集深度学习核心训练与推理框架、基础模型库、端到端开发套件和丰富的工具组建于一体，可帮助开发者快速实现AI想法，快速上线AI业务。图2-2-41为飞桨PaddlePaddle的官网。

图 2-2-41　飞桨 PaddlePaddle 官网

5　腾讯优图 NCNN

NCNN 是腾讯优图实验室的开源项目，是一个专为手机端优化的高性能神经网络前向计算框架。该框架从设计之初就考虑手机端的部署和使用，无第三方依赖，跨平台，手机端 CPU 的速度快于目前所有已知的开源框架。基于 NCNN，开发者能够将深度学习算法轻松移植到手机端并高效执行，开发出人工智能 APP。NCNN 目前已在腾讯多款应用（如 QQ、微信等）中使用。图 2-2-42 为腾讯优图的官网。

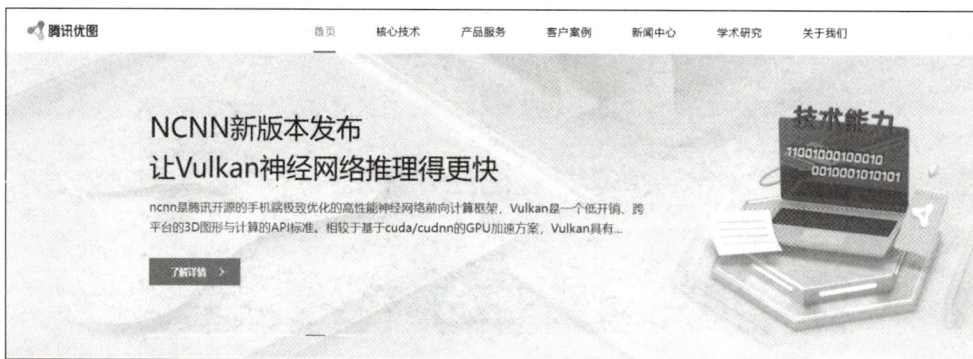

图 2-2-42　腾讯优图官网

6　一流科技 OneFlow

OneFlow 是一款由北京一流科技有限公司开发的采用全新架构设计的工业级通用深度学习框架。OneFlow 率先提出了静态调度和流式执行的核心理念，解决了大数据、大模型、大计算带来的异构集群分布式扩展挑战，具有并行模式全、运行效率高、分布式易用、资源节省、稳定性强五大优势。图 2-2-43 为 OneFlow 的官网。

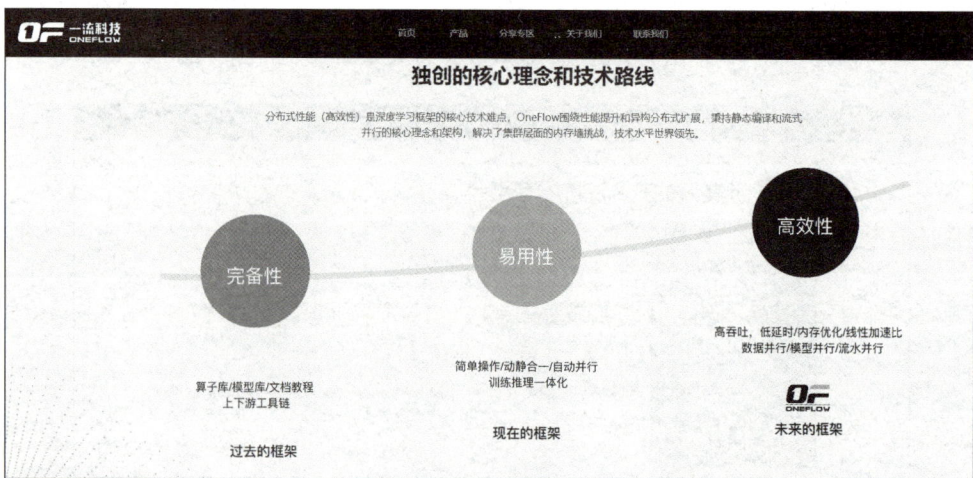

图 2-2-43　OneFlow 官网

（二）如果使用的是TensorFlow Lite框架，在安卓手机上怎么调用YOLOV5模型呢？

yolov5s_android是一个可以在安卓手机上调用YOLOV5模型的开源项目。该项目使用移动端的TensorFlow Lite框架，其对应的手机APP的名称为tflite_yolov5_test，可以到网址 https://github.com/lp6m/yolov5s_android 中访问该项目，并下载该APP。

这里使用一款国产手机进行测试。手机为红米10X 4G版本，手机操作系统为MIUI 12.0.8，存储空间为128GB，运行内存为6GB，CPU处理器为联发科 Helio G85，无GPU。

在手机中下载并安装该APP，该APP会申请使用相机、写入手机存储、读取手机存储三个权限。安装好后，打开软件，可以看到其界面十分简单，如图2-2-44所示。

单击第一个长方条"OPEN CAMERA"（打开相机），给予其使用相机的权限。其自带的模型就可以开始进行物体识别。例如，图2-2-45中，自带的模型识别出vase（花瓶）、potted plant（盆栽植物）、dinning table（餐桌）、laptop（笔记本电脑）、chair（椅子）、bottle（瓶子）、mouse（鼠标）等多个物品。

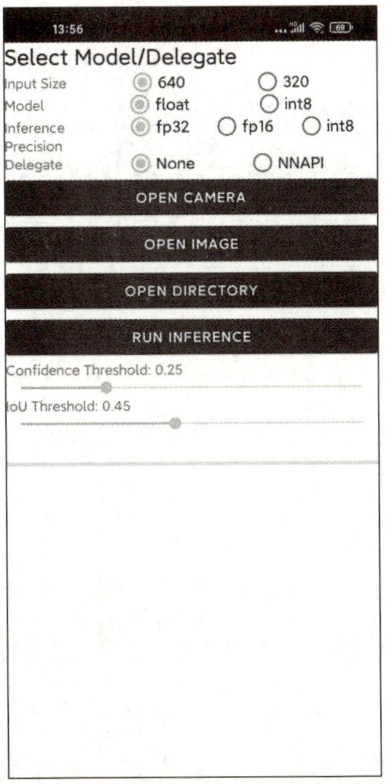

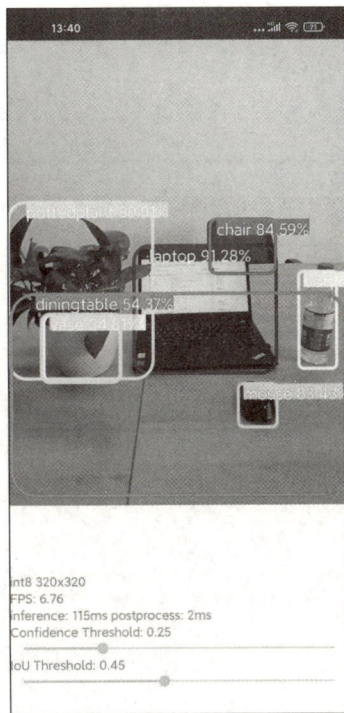

图 2-2-44　tflite_yolov5_test 的界面

图 2-2-45　该 APP 自带的模型识别出多个物品

课后作业

职业能力编号：_____

班级：_____　　姓名：_____　　日期：_____

1. 何老师是一位深度学习的研究人员，他使用深度学习框架 PyTorch 训练出一个识别猫的模型。现在要在一个安装了深度学习框架 TensorFlow Lite 的移动终端中部署该模型，需要将该模型文件转换为 *.tflite 文件。请简要说明模型文件的转换方法，并画出示意图。

----

2. 请将职业能力 1-1-3 中训练好的识别猫脸（或狗脸）的模型文件，转换为移动终端的 TorchScript Lite。试试看，能否通过"小信"手机版在手机中部署模型并识别真实世界中的猫脸（或狗脸）。

模块 3

工业产品外观缺陷检测

工业产品外观缺陷检测是机器视觉的一种典型的工业检测应用场景。本模块选取实木地板缺陷检测作为案例，可以对带有实际缺陷的实木地板进行检测。为便于学习也可人为制造实木地板常见的缺陷。

相比前两个模块，本模块的学习难度有所增加，通过实木地板缺陷检测任务系统学习环境搭建、光源选型、数据采集和模型部署；进一步学习深度学习图形化工具"小信"和MV Viewer软件的使用。

▷ 模块学习目标

1. 能分析工业产品外观缺陷检测需求；
2. 能搭建工业产品外观缺陷检测环境；
3. 能采集工业产品外观缺陷样本图片；
4. 能标注工业产品外观缺陷样本图片；
5. 能训练工业产品外观缺陷检测模型；
6. 能在本地部署工业产品外观缺陷检测模型。

任务 3-1 分析工业产品外观缺陷检测需求并搭建检测环境

职业能力 3-1-1
能分析工业产品外观缺陷检测需求

一 核心概念

1 外观缺陷

零部件及产品表面上的异物、瑕疵、脏污、毛刺等用肉眼可以看到的缺陷叫作外观缺陷。

2 外观缺陷检测

外观缺陷检测是指用于确认部件及产品表面异物、瑕疵、缺陷的检测。

传统的外观缺陷检测依赖人工进行目视检测。近年来，随着工厂自动化的发展，机器视觉系统越来越广泛地应用于外观缺陷检测。

二 学习目标

- 说出工业产品的外观缺陷。
- 能分析在实木地板检测过程中机器视觉检测相比人工检测的优势。
- 列举机器检测实木地板所需的设备。

三 基本知识

1 工业产品的外观缺陷是如何产生的？

零部件、半成品、成品均可能因为各种原因造成缺陷。其中，外观缺陷最常见也最容易识别。外观缺陷一般包括尺寸缺陷，加工运输过程中由于磕碰、摩擦产生的缺陷，原材料本身问题导致的缺陷，以及由加工制造工艺造成的缺陷。

实木地板是天然的原生木材，会因生长环境、运输储存的影响而产生各种各样的外观缺陷。当然，最终销售给消费者的实木地板已经过挑选或者修补，可见的缺陷会比较少。

实木地板有六个面，包括上下表面、两个侧面、两个端面。缺陷在这六个面上都有可能存在。

不同品种（如二翅豆、番龙眼、圆盘豆等）的木材的缺陷种类也不一样。常见的缺陷如图3-1-1～图3-1-7所示。

图3-1-1　虫孔

图3-1-2　死结

图3-1-3　白边

图 3-1-4　活结

图 3-1-5　蓝变

图 3-1-6　开裂

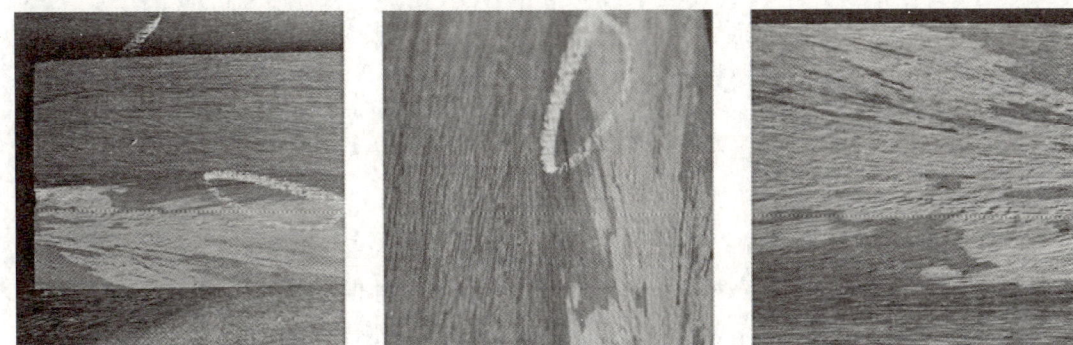

图 3-1-7　腐朽

在传统的地板厂,对实木地板的外观缺陷检测通常按照如下程序进行。

(1)按照不同的缺陷类型,对实木地板的缺陷进行分类。

(2)制定残次品的标准:确定某类缺陷达到一个具体的标准后可以将其视为残次品,如开裂的长度超过一定数值,或者虫洞的个数超过多少个。

(3)通过工人进行目视检测,对实木地板的外观缺陷进行判别,将符合残次品标准的实木地板挑选出来,如图3-1-8所示。

图3-1-8 工人对实木地板进行目视检测

4 通过工人目视检测的方法来进行外观缺陷检测,有哪些缺点?

(1)依赖工人的经验和对标准的熟悉程度:一个熟练工人需要经过2~3个月的培养,在这之前需要积累经验、熟悉标准。

(2)同一个工人的判断准确率会有波动:即使是熟练工人,也会有很多主观因素影响他的判断准确率。如工人当天的心情好坏、当天的天气情况、上午与下午的不同状态等,都会造成判断准确率的波动。

(3)不同工人的判断准确率的差别比较大:在工厂中,工人需要轮班休息,不同工人的经验、熟练程度、心理状态都不一样,会造成不同班次间准确率的波动。

(4)缺少数据支撑,无法进行来料质量分析:工人判断后,通常不会记录开裂的长度、虫洞的个数等缺陷参数，更不会进行电子化的记录；当某一批次原料的某类缺陷的数值超出历史均值而出现异常时，无法实时进行数据分析，进而确认来料质量。

5 利用机器视觉系统检测实木地板外观缺陷的流程是怎样的？

为了能够规范实木地板外观缺陷检测的结果，需要引入机器设备来检测实木地板的外观缺陷。机器不会受到情绪、天气等外界环境的影响，是受过良好训练的"检测工人"，替代检测工人来完成以前由人工完成的工作，在大批量的木材检测中大大提高了生产效率和生产的自动化程度。

利用机器视觉系统做实木地板外观缺陷检测的第一步，是要让机器能够"看到"实木地板现在的样子。通过前面课程的学习，已经了解到可以利用相机拍照的方式将实木地板的照片拍摄给机器。由于实木地板在设备上是往前运动的，所以要选择快门速度较快的特殊相机；同时，需要给图片的拍摄创造一个比较好的光源环境。如图 3-1-9 所示，实木地板穿过一个黑色的暗箱，这样可以保证外界的光线对拍照不会有影响，也能让光线均匀地分布在实木地板表面，便于机器能够更准确、清楚地拍摄到实木地板的表面情况。

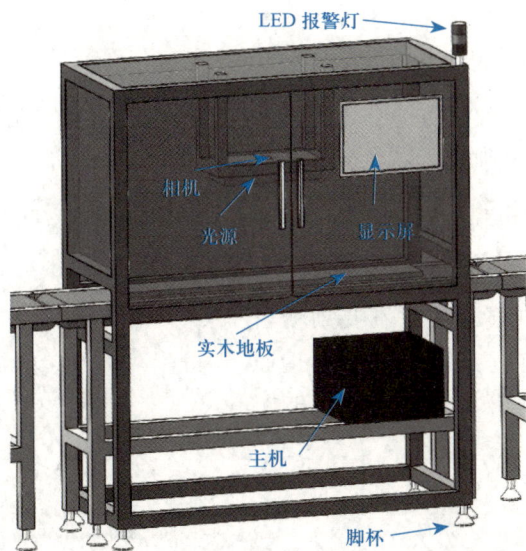

图 3-1-9　检测实木地板外观缺陷的设备

拍好的照片会通过数据线传输给计算机，也就是"主机"。工程师们会事先在计算机里设置一些用于检测实木地板外观缺陷的软件，当这些照片传输给计算机之后，这些软件就可以自动检测实木地板是否有缺陷。如果有缺陷，就通过报警灯来报警，提醒工人将有缺陷的实木地板取走，或者可以加装一个自动将有缺陷实木地板取走的装置，生产线检测更加智能。

四 能力训练

制作带有缺陷的实木地板。

（一）操作条件

本操作需要使用准备好的实木地板、黑色的马克笔、小刀、防护手套。

（二）操作过程

操作步骤及对应的质量标准如表3-1-1所示。

表3-1-1　操作步骤及其质量标准

序号	步骤	质量标准
1	给实木地板制造脏污缺陷	可以给20块实木地板制造脏污缺陷
2	给实木地板制造划伤缺陷	可以给20块实木地板制造划痕缺陷
3	整理归位	可以正确整理归位

操作步骤详解如下。

▶ 步骤1　给实木地板制造脏污缺陷

拿出一块实木地板，戴好防护手套，用黑色的马克笔在实木地板上随意画一条或多条线，尽量给20块实木地板制造形状各异、长短不同的线条，模拟脏污缺陷。

▶ 步骤2　给实木地板制造划伤缺陷

在刚刚制造好脏污缺陷的实木地板上，用小刀用力制造一些划痕，注意不要划伤自己。划痕要尽量刻得深一点，方便后续拍照等动作。制作好的带有脏污和划伤缺陷的实木地板如图3-1-10所示。

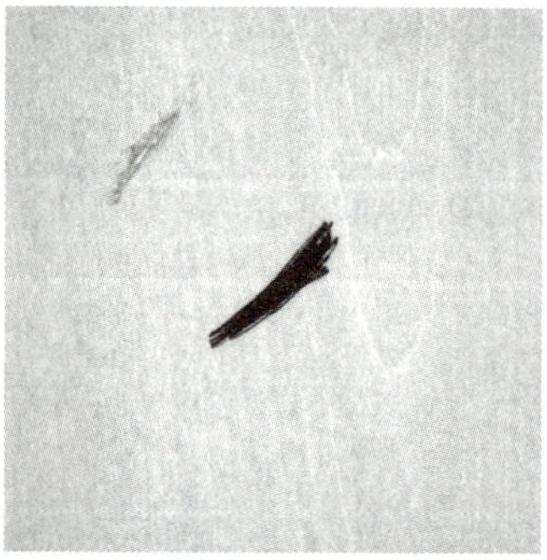

▶ 步骤3　整理归位

将小刀和马克笔收好，放入对应的存放位置；将桌上的木屑清理干净，并保存好制造过缺陷的实木地板。

图3-1-10　带有脏污和划伤缺陷的实木地板示例

问题情境

问题　如果检测到实木地板有裂缝、死结、活结缺陷，应该怎么办？

提示：实际生产线上，实木地板出现裂缝、死结、活结等缺陷都是可以在后续的加工过程中由人工进行修补的。修补工人会使用专业的修补工具和修补材料对上述缺陷进行修补，修补完成后再上油漆。当然，品质要求高的实木地板对裂缝、死结、活结等缺陷的数量和大小是有严格要求的。

（三）学习结果评价

请将学习结果评价填入表3-1-2中。

表3-1-2　学习结果评价

序号	评价内容	评价标准	评价结果（是/否）
1	实木地板的主要缺陷	能说出实木地板的5种以上主要缺陷	
2	实木地板检测过程中机器视觉检测相比人工检测的优势	能分析实木地板检测过程中机器视觉检测相比人工检测的优势	
3	机器检测实木地板外观缺陷使用的主要设备	能列举实木地板外观缺陷使用的主要设备	

五　拓展阅读

机器视觉的工业领域应用场景主要为视觉引导与视觉检测。各行业细分应用场景各有不同，由于场景多变，客户需求具有"小批量、定制化"的特点。

从各行业应用场景与辅助应用场景看，视觉引导与视觉检测相辅相成，都是基于测量和识别提供的细分功能。其中，视觉引导是主要需求，主要涉及行业有仓储物流、医疗、重工与金属加工；视觉检测是次要需求，涉及行业有3C电子产品[①]、纺织等轻工业、汽车与半导体。

以三一重工股份有限公司北京桩机工厂为例，工厂里小到一块钢板的分拣，大到10多吨桅杆装配，全部可由机器人自动化完成。北京桩机工厂工艺工程师侯勤华介绍："机器视觉系统，真正赋予了机器适应环境、柔性完成任务的能力。"数据显示，较改造前，工厂焊接、装配、机加等核心工序作业效率分别提升130%、100%、68%，在同样的厂房面积下产值翻了一翻。2021年9月27日，世界经济论坛（World Economic Forum，WEF）正式公布，三一重工北京桩机工厂成为全球重工行业首家获得认证的"灯塔工厂"。（资料来源：https://baijiahao.baidu.com/s?id=1715215183253915454&wfr=spider&for=pc）

---

① 3C电子产品即计算机（computer）、通信（communication）和消费电子产品（consumer electronic）3类电子产品。

课后作业

职业能力编号：_____

班级：_____　　　姓名：_____　　　日期：_____

1. 上网查看布料、电缆的外观缺陷主要有哪几种。

----

2. 仔细观察自家的电器和家具，找到它们的外观缺陷，并思考这些缺陷是怎么产生的。

----

3. 瓷砖工厂需要在产品生产出来后，对瓷砖进行瑕疵检测过程。瓷砖产品的瑕疵种类很多，常见的瑕疵包括边异常、角异常、白色点瑕疵、浅色块瑕疵、深色点块瑕疵、光圈瑕疵等，如图3-1-11所示。过去通常采用人工目检的方法，这种方法有很多缺点。

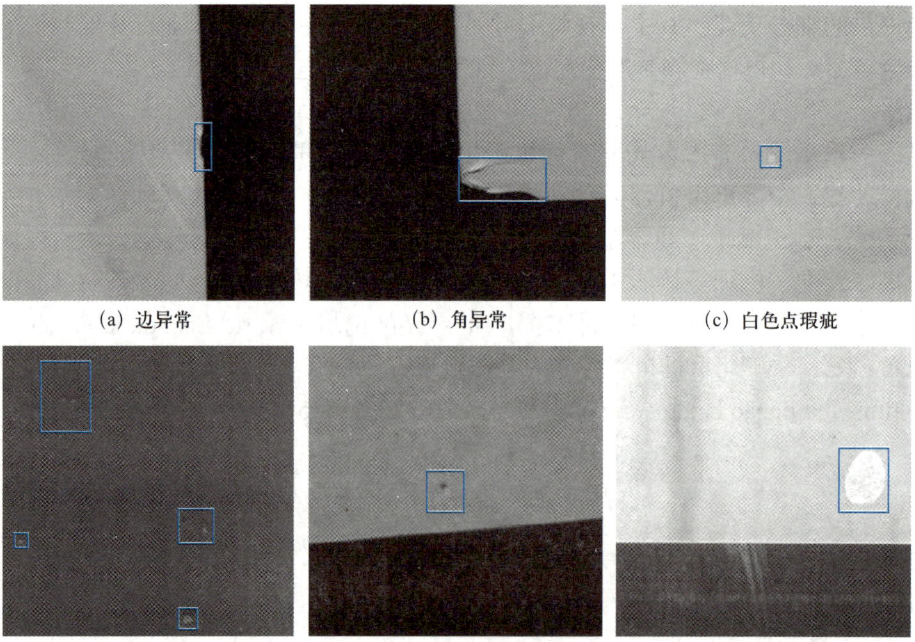

(a) 边异常　　　　　　　　(b) 角异常　　　　　　　　(c) 白色点瑕疵

(d) 浅色块瑕疵　　　　　　(e) 深色块瑕疵　　　　　　(f) 光圈瑕疵

图3-1-11　磁砖产品的瑕疵

现在该瓷砖工厂要引入一套人工智能机器视觉设备，对瓷砖进行外观缺陷检测。请回答：

（1）说明在检测过程中，机器视觉检测相对人工目视检测的优势。

（2）设计一套瓷砖的外观缺陷的设备，简要说明这套设备的主要组成部分。

职业能力 3-1-2
能搭建工业产品外观缺陷检测环境

一　核心概念

1　工业产品外观缺陷检测的环境

工业产品外观缺陷检测的环境一般指检测机器中的光源环境、检测设备的相机配置及整个机械结构。

2　光的波长、振幅和光饱和度

（1）光的波长：影响光的颜色。

（2）光的振幅：影响光的亮度。

（3）光饱和度：对于同一色调的彩色光，其饱和度越高，颜色就越深，或越纯；反之颜色越浅。高饱和度的彩色光可因掺入白光而降低纯度或变浅，变成低饱和度的彩色光。

二　学习目标

- 说出适合实木地板拍摄的几种光源环境。
- 说出工厂的各种因素对自动检测设备的影响。
- 能独立搭建给实木地板拍照的光源环境；会固定光源，调节光源位置，保证拍照效果。
- 在搭建检测环境的过程中，体会团队协作的效率与愉悦。

三　基础知识

1　光源环境的重要性体现在哪些方面？

光源环境会直接影响拍照的效果及检测结果的准确性，选择合适的光源能够呈现一张好的图片，简化算法，提高系统稳定性。一张图片如果曝光过度则会隐藏很多重要的信息，而出现阴影又易导致误判。因此，要保证有较好的图片效果，就必须选择一种合适的光源。

当然，除了光源以外，其他产品缺陷检测环境（相机配置和机械结构），甚至是检测设备所处厂房的外界环境都会影响产品外观缺陷的检测结果。所有环境都必须保持在最佳状态，这样才能获得一个较高的缺陷检出率。

2 适合实木地板拍摄的光源环境有哪些?

（1）采用圆顶光源或同轴光源。实木地板的上下表面较为平整，所以通常会选用光源面积比较大的光源来拍摄实木地板。但由于实木地板表面会出现一定情况的反光，所以可以采用圆顶光源或者同轴光源作为实木地板拍摄的光源，如图3-1-12所示。

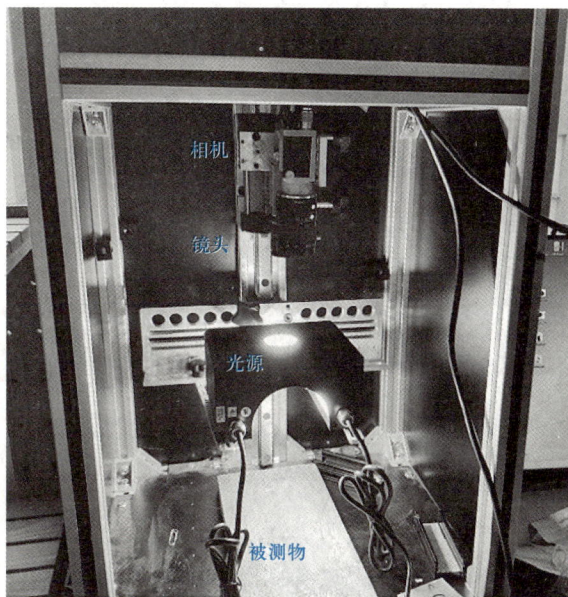

图3-1-12　采用圆顶光源

（2）采用光箱。不同颜色的光照射到物体表面会产生颜色叠加。由于环境光无法预知，为了尽可能地减少环境光的影响，可以使用光箱等封闭设备，如图3-1-13所示。光箱是内壁为白色的箱体，光线照射在箱体上会发生漫反射。箱体的大小可以定制，要保证将拍摄环境整体包围住。

图3-1-13　采用光箱

（3）采用线阵相机和线阵光源。线阵相机的成像传感器为长条形，多个感光单元排成一行，可以采集一个细长条形区域的图像。实木地板在检测过程中是向前移动的，线阵光源拍摄的图像就可以拼成一张长方形的照片，以此来观察实木地板表面的缺陷，如图3-1-14所示。

图3-1-14　采用线阵相机和线阵光源

3　工厂里有哪些不利于自动检测设备正常工作的环境因素？

（1）温度。检测设备中使用的相机、光源及主机等电子设备的工作温度一般为−20～50℃，超过这个温度范围会造成这些电子元器件的损坏。另外，当温度从低变高后，相机镜头表面可能会产生凝结的水珠，影响到图片的拍摄。

（2）粉尘。一些工厂，尤其是木材工厂中的粉尘会比较多。这些粉尘看似不会对设备造成什么影响，然而随着日积月累，粉尘会积攒在相机镜头和光源的表面，影响拍摄效果，或者落入机箱等电子电气设备中，影响这些设备的正常工作。

（3）振动。很多工厂里的大型设备在工作的过程中会产生比较大的振动，这些振动会使检测设备中的相机镜头发生位移，导致成像不清楚或无法成像的情况。振动也会对其他零部件的固定和正常工作造成影响，降低检测设备的正常使用寿命。

（四）　能力训练

搭建实木地板外观缺陷检测的环境，保证能拍出清晰的图片。

（一）操作条件

本操作需要使用光学实验架、光源、光源控制器、工业镜头、工业相机、数据线、计算机和数据采集软件。

本节使用的样品为职业能力3-1-1中制作的带有缺陷的实木地板。

（二）操作过程

操作步骤及对应的质量标准如表3-1-3所示。

表3-1-3　操作步骤及其质量标准

序号	步骤	质量标准
1	部署光学实验架	可以将光学实验架安装稳定
2	部署工业相机和镜头	保证工业相机和镜头不晃动、不移位
3	光源选型分析	可以根据待测样本的实际情况进行光源选型
4	使用圆顶光源进行照明和拍照	可以由光源控制器控制圆顶光源的开关、明暗；可以正确部署圆顶光源，使产品缺陷成像清晰
5	使用开口面光源进行照明和拍照	可以由光源控制器控制开口面光源的开关、明暗；可以正确部署开口面光源，使产品缺陷成像清晰
6	使用同轴光源进行照明和拍照	可以由光源控制器控制同轴光源的开关、明暗；可以正确部署同轴光源，使产品缺陷成像清晰
7	使用其他光源进行照明和拍照	可以由光源控制器控制其他光源的开关、明暗；可以正确部署其他光源，使产品缺陷成像清晰
8	整理归位	将使用的设备放至原处，并清理桌面

操作步骤详解如下。

▶ 步骤1　部署光学实验架

按照职业能力1-2-2所学习的内容搭建光学实验架，注意镜头应离实木地板上表面的距离为400mm左右。

▶ 步骤2　部署工业相机和镜头

挑选出500万像素的黑白工业相机，以及焦距为12mm、500万像素的变焦镜头，将相机和镜头组装起来，并固定在光学实验架上，如图3-1-15所示。连接好相机的电源线和网线，打开计算机中的MV Viewer软件，查看相机的连接情况。

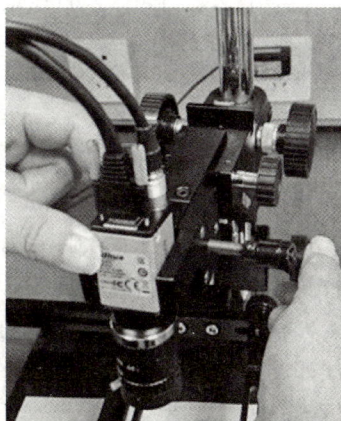

图3-1-15　部署工业相机和镜头

▶ 步骤3　光源选型分析

样品形态分析：待测样品为带有缺陷的实木地板，缺陷类型为划痕和黑色污迹。

检测需求：需要检测实木地板上的划痕和黑色污迹。

样品形状：实木地板为长方形，为了获得均匀照明，应考虑和被测物体外形一致或接近的光源。

样品材质特性：实木地板表面会出现一定的反光，因此需要使用漫反射光源进行照明，选用圆顶光源或者面光源比较合适。

▶ 步骤4 使用圆顶光源进行照明和拍照

选取颜色为白色，且发光面积适当大于被测物体的圆顶光源，提供漫反射照明。

将光源及其控制器连接好，放置在光学实验架上。在MV Viewer软件中观察图像，调整光源的亮度、光源的高度、镜头的焦距，使图像变得清晰。检测环境如图3-1-16所示。特别要注意的是，在一张好的图片中，缺陷部分所占幅面应为整张图片的大部分，如图3-1-17所示。

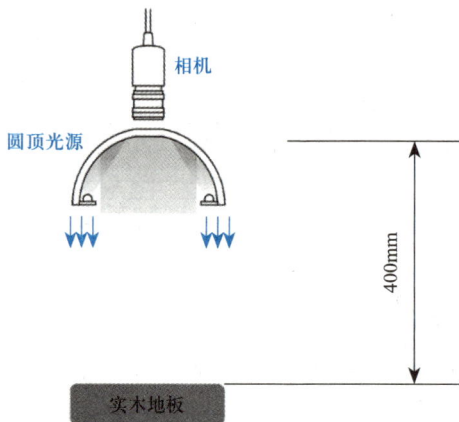

图3-1-16　圆顶光源检测环境

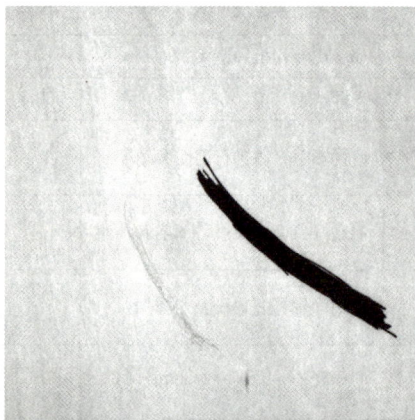

图3-1-17　拍摄好的图片示例

单击MV Viewer软件中的"拍照"按钮，拍摄图片并保存到文件夹中。

▶ 步骤5 使用开口面光源进行照明和拍照

选取颜色为白色，且发光面积适当大于被测物体的开口面光源，提供漫反射照明。

将圆顶光源取下，替换成开口面光源。开口面光源的安装位置与圆顶光源一致，所以这一步无须对光学实验架的高度进行调整。

将光源及其控制器连接好，放置在光学实验架上，在MV Viewer软件中观察图像，调整光源的亮度、镜头的焦距，使图像变得清晰。检测环境如图3-1-18所示。

单击MV Viewer软件中的"拍照"按钮，拍摄图片并保存到文件夹中。拍摄好的图片如图3-1-19所示。

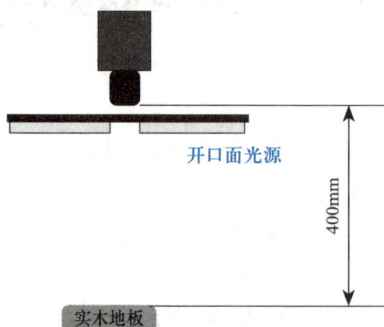

图3-1-18　开口面光源检测环境

图3-1-19　拍摄好的图片示例

▶ **步骤6**　使用同轴光源进行照明和拍照

选取颜色为白色，且发光面积适当大于被测物体的同轴光源，提供漫反射照明。

将开口面光源取下，替换成同轴光源。同轴光源的安装位置与圆顶光源和开口面光源都一致，所以这一步无须对光学实验架的高度进行调整。

参考步骤4和步骤5中的图示，将检测环境画下来，并调整好检测环境实物。

单击 MV Viewer 软件中的"拍照"按钮，拍摄图片并保存到文件夹中。

▶ **步骤7**　使用其他光源进行照明和拍照

选择其他光源，找到合适的光源种类，使产品缺陷能清晰成像，并自行调整光源的高度、亮度及镜头焦距。将检测环境画下来，并完成图片拍摄。

需要注意的是，在选择光源的时候，可以考虑组合不同种类的光源，观察它们组合在一起的光照效果。

▶ **步骤8**　整理归位

将所有设备取下并放回原位，整理实验桌面，保存好实木地板。

⚙ **问题情境**

问题1　在实验过程中，如果实木地板反光该怎么办？为什么会出现反光的情况？

提示：因为实木地板的表面比较光滑、平整，实验中所用的实木地板颜色较浅，所以当光源直射在实木地板上的时候很容易发生反光的情况。

一旦在实验过程中发现实木地板反光，则首先要考虑改变使用的光源，选择不是直射在实木地板上的光源，或者创建漫反射的环境拍摄图片。

问题2　如果用同一种光源不能将同一块实木地板上的几种缺陷都拍摄出来，应该怎么办？

提示：在实际工厂的产品检测环境中，很可能出现使用同一种光源无法将实木地板上的几种缺陷都清楚地拍摄出来的情况。此时，就需要在检测设备中按一定顺序安装不同类型的光源和相机，通过多次拍摄，使不同的缺陷都能被清楚地拍到并记录下来。

（三）学习结果评价

请将学习结果评价填入表3-1-4中。

表3-1-4　学习结果评价

序号	评价内容	评价标准	评价结果（是/否）
1	实木地板拍摄的光源环境	能说出适合实木地板拍摄的几种光源环境	
2	工厂环境对自动检测设备的影响	能说出至少三种对自动检测设备造成影响的工厂环境因素	

续表

序号	评价内容	评价标准	评价结果（是/否）
3	实木地板拍摄环境	能够独立搭建两种不同的拍摄环境，会固定光源，调节光源位置，实木地板能清晰成像	

五　拓展阅读

在职业能力1-2-2中，采用不同形态和颜色的光源拍摄一枚紫色瓶盖，得到了不同的产品呈现结果。这说明不同光源环境也会对产品缺陷成像造成比较大的影响。比如，要对金属钨片表面划痕拍照，金属钨片表面需要检测不同方向的划痕，然而由于划痕的方向不一致，想要拍摄到表面所有的划痕，需要采取特殊的打光方式。

图3-1-20所示是分别使用四个条形光从上下左右四个方向进行打光拍摄的效果。可以看出，从不同方向打光拍摄的图片中呈现出了不同的划痕，甚至有些划痕在某些打光方向的图片中几乎看不见。只有使用四个条形光的组合光源，拍摄四张照片，才可以完整地将划痕捕捉到。

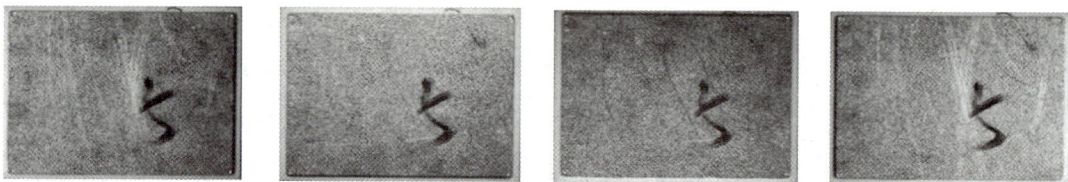

图3-1-20　从四个方向进行打光拍摄的效果

下面介绍两种行业产品缺陷检测设备。

（1）金属杆材检测设备。金属杆材检测设备基于深度优化的人工智能算法，结合特定场景下的视觉设计与交互设计，提供贴合用户生产工艺流程的高速、高精度、高可靠性解决方案，主要对金属杆材长度、外径、表面缺陷进行检测。

该检测设备的光源采用两个环形光源，将金属杆从两个环形光源中间穿过，并且用四个相机进行拍摄，每个相机拍摄90°的画面，合成金属杆整个表面的画面，如图3-1-21所示。

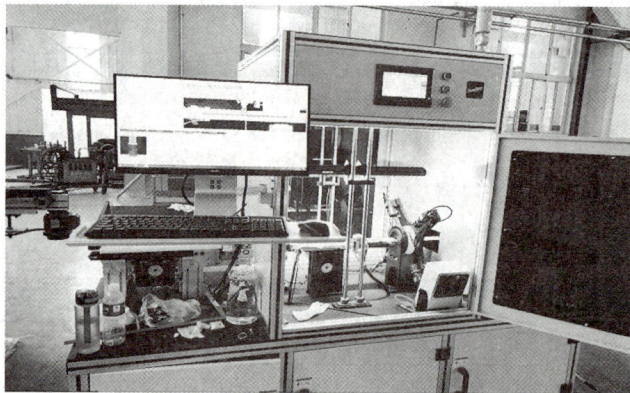

图3-1-21　金属杆材检测设备

（2）智能验布机。智能验布机（图3-1-22）是在纺织企业已有验布机的基础上，对传统验布机、看布机进行自动化改造，使棉匹、纱布、无纺布等布质材料的人工检验流水线变成快速、实时、准确、高效的自动化流水线。在智能验布机上，所有布质材料的表面疵点、颜色色差、幅面宽度都可以自动检测。

验布机的光源是一个很长的条形光，其长度和验布机的整体宽度相同，并且光源离布料表面较远，这样既可以保证光线能够覆盖整个布面，又可以保证光线打到布面上比较均匀，不会出现反光的情况。

图 3-1-22　智能验布机

📦 课后作业

职业能力编号：_____

班级：_____　　　姓名：_____　　　日期：_____

1. 实木地板外观检测的环境包含哪些部件？

----

2. 观察一下其他人搭建的环境，有哪些是你可以吸取的经验？

----

3. 尝试组合使用不同焦距的镜头，记录不同焦距的镜头距离实木地板上表面的最佳距离。

任务 3-2 采集和标注工业产品外观缺陷样本图片

职业能力 3-2-1
能采集工业产品外观缺陷样本图片

一 核心概念

1 缺陷样本图片

为了利用机器视觉系统来进行工业产品的外观缺陷检测，首先需要采集一定数量的有外观缺陷的工业产品图片。如果某一工业产品有多种外观缺陷，则每类外观缺陷的图片数量都要达到一定的规模。为了进行深度学习的训练，还要求图片具有一定的清晰度。

带有工业产品外观缺陷的、可以用于深度学习训练的清晰图片，就是缺陷样本图片。

2 缺陷样本数据集

采集到的一定数量的某类缺陷样本图片的集合就是该类缺陷的缺陷样本数据集。

二 学习目标

- 知道合格的缺陷样本图片的要求。
- 能够采集不同缺陷的合格缺陷样本图片。
- 能够对采集好的缺陷样本图片做分类整理，养成良好的工作习惯。

三 基本知识

1 如何学会对工业产品的外观缺陷进行目视检测？

一方面，需要学习一定数量的产品缺陷的图片，了解缺陷的具体形态。人类的泛化能力比较强，可能看几十张图片，就可以很好地分辨出哪些是产品的外观缺陷。当然，所学习的产品缺陷应该在人眼的分辨能力内清晰可见。

另一方面，需要学习如何对产品缺陷进行分类。不同缺陷的具体形态不尽相同，其具体特征也是不同的，对产品缺陷进行正确分类可以帮助计算机更好地认识缺陷。

2 什么样的图片是合格的缺陷样本图片？

简单地说，合格的缺陷样本图片应该让计算机经过学习后能够对工业产品的外观缺陷进行检测。

有产品缺陷的图片应该是清晰的，模糊的图片无法让计算机正确地认识缺陷。这就要求在采集图片时，光源和相机应进行正确配置，让缺陷能够更好地在图片中凸显出来。

3 制作一个合格的缺陷样本数据集需要考虑哪些方面？

首先，需要保证在缺陷样本数据集中，每类缺陷都有一定数量的样本图片。

其次，需要保证每个种类的缺陷样本图片的数量均衡。也就是说，每个种类的缺陷样本图片的数量应尽量保持一致，不要某种过多或者某种过少。

最后，在采集缺陷样本图片的时候，可以改变所拍摄样品的角度，或者变换拍摄样品的方向，这样可以采集到各种角度、方向、形状的缺陷，扩充缺陷样本图片的数量。每一个缺陷样本可以对应多张缺陷样本图片，这样在缺陷样本比较难获取的情况下，也能获得较多的缺陷样本图片。

一个缺陷样本数据集通常包括成百上千张缺陷样本图片，如图3-2-1所示。

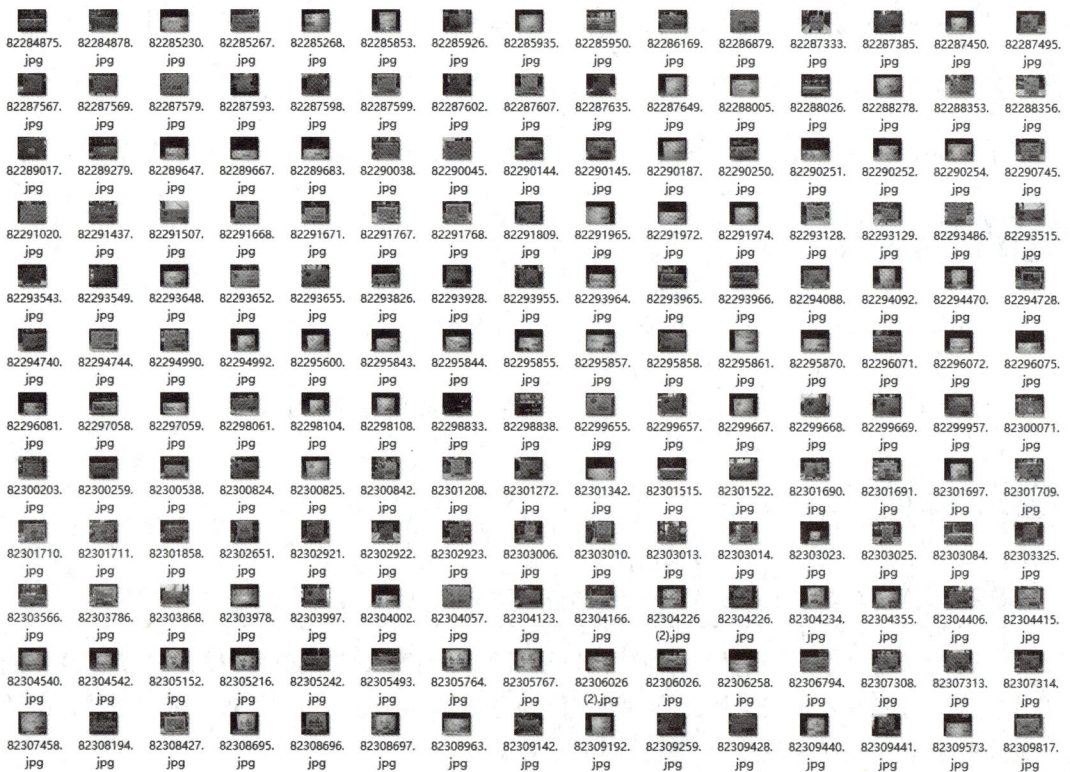

图3-2-1　缺陷样本数据集示例

4 如何整理采集完成后的缺陷样本图片？

首先，应逐张检查图片，删除无效的图片。例如，应删除模糊的图片、太亮或者太暗的图片、看不清楚缺陷的图片。

其次，应及时地把所采集的图片分门别类地整理好。可以根据缺陷的种类，分别建立以缺陷种类命名的文件夹，并把属于某种类别缺陷的图片移动到相应的文件夹内。

最后，应检查每个文件夹内的缺陷样本图片的数量是否均衡。如果有一类缺陷样本图片的数量特别少，则需要再补充采集此类缺陷的图片。

如果一张图片上存在多种缺陷，则应该在所对应的多个缺陷样本的文件夹中都放入该图片。

图3-2-2所示为输血袋表面缺陷样本图片按照缺陷种类进行分类的分类文件夹。

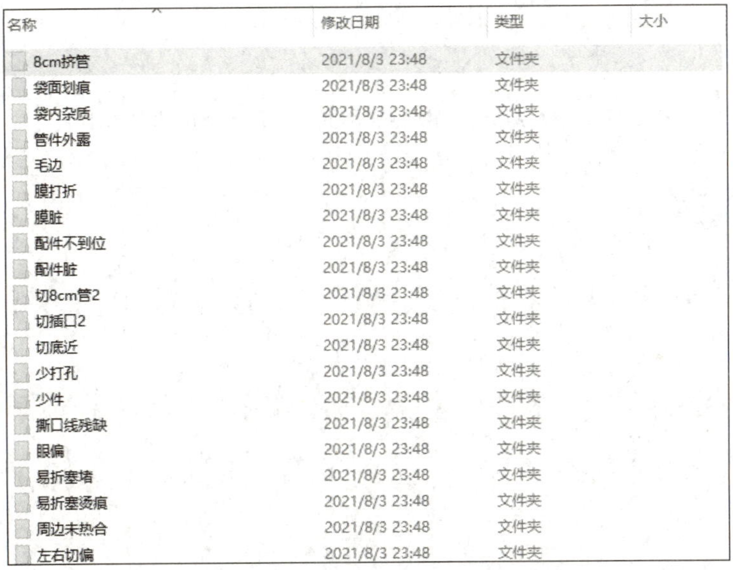

名称	修改日期	类型	大小
8cm挤管	2021/8/3 23:48	文件夹	
袋面划痕	2021/8/3 23:48	文件夹	
袋内杂质	2021/8/3 23:48	文件夹	
管件外露	2021/8/3 23:48	文件夹	
毛边	2021/8/3 23:48	文件夹	
膜打折	2021/8/3 23:48	文件夹	
膜脏	2021/8/3 23:48	文件夹	
配件不到位	2021/8/3 23:48	文件夹	
配件脏	2021/8/3 23:48	文件夹	
切8cm管2	2021/8/3 23:48	文件夹	
切插口2	2021/8/3 23:48	文件夹	
切底近	2021/8/3 23:48	文件夹	
少打孔	2021/8/3 23:48	文件夹	
少件	2021/8/3 23:48	文件夹	
撕口线残缺	2021/8/3 23:48	文件夹	
眼偏	2021/8/3 23:48	文件夹	
易折塞堵	2021/8/3 23:48	文件夹	
易折塞烫痕	2021/8/3 23:48	文件夹	
周边未热合	2021/8/3 23:48	文件夹	
左右切偏	2021/8/3 23:48	文件夹	

图3-2-2　缺陷样本图片分类文件夹示例

5 如何切分训练集和测试集？

可以将整理好的缺陷样本数据集简单地切分成两部分：训练集和测试集。通常，将数据集的80%作为训练集，20%作为测试集。在深度学习图形化工具"小信"中，可以自动按照8∶2的比例切分数据集。

可以使用训练集的数据来训练模型，然后在测试集上验证模型的好坏。在职业能力1-1-2中学习过，可以将测试集通俗地理解为考试，考的题目是平常没有见过的，用以考查学生举一反三的能力。如果把用训练集训练出来的模型，用在原来的（训练集）图片上，就相当于开卷考试，则无法准确地判断这个模型的好坏。

在实际应用中，计算机所要识别的缺陷样本图片都是全新的，并且更加复杂多变，因此需要模型有非常好的泛化能力。所以，一般来说，会利用训练集的图片，结合不同的算法训练出不同的模型，再用测试集来评价这个模型表现的好坏。通过测试之后，再将模型运用到实际场景中。训练数据、测试数据和实际应用场景中的数据示例如图3-2-3所示。

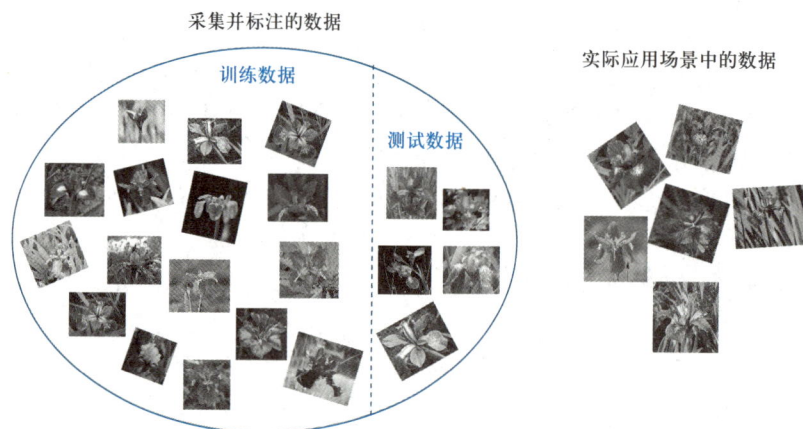

图3-2-3   训练数据、测试数据和实际应用场景中的数据示例

（四）能力训练

完成实木地板缺陷图片的采集，并按类别整理好所拍摄的图片，再将它们分成训练集和测试集。

（一）操作条件

本操作需要使用光学实验架、光源、光源控制器、工业镜头、工业相机、数据线、计算机和数据采集软件。

（二）操作过程

操作步骤及对应的质量标准如表3-2-1所示。

表3-2-1   操作步骤及其质量标准

序号	步骤	质量标准
1	部署相机、镜头和光源	可以将光学实验架安装稳定，保持工业相机和镜头不晃动、不移位；可以由光源控制器控制圆顶光源的开关、明暗
2	拍摄图片	可以拍摄出清晰的图片
3	换另一套光源	光源可以由光源控制器控制开关、明暗
4	再次拍摄图片	可以拍摄出清晰的图片
5	整理拍摄好的图片	能够将拍摄好的图片放在指定的文件夹中
6	整理归位	将使用的设备放回原处，并清理桌面

操作步骤详解如下。

▶ 步骤1　部署相机、镜头和光源

按照图3-2-4所示将光学环境搭建好。选择圆顶光源，500万像素的黑白工业相机，以及焦距为12mm、500万像素的变焦镜头（参考职业能力3-1-2所学内容）。

▶ 步骤2　拍摄图片

调整好光源和相机后，利用MV Viewer软件进行拍摄。

在MV Viewer软件中观察图像，调整光源的亮度、高度及镜头的焦距，使图像变得清晰。

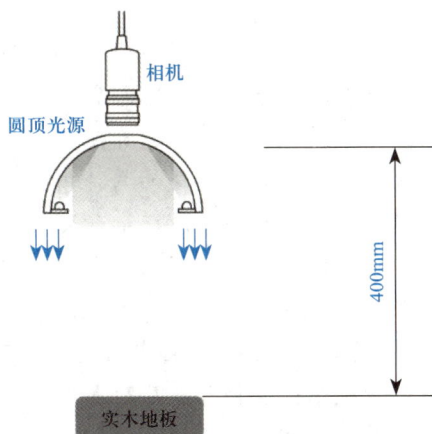

图3-2-4　搭建光学环境

单击MV Viewer软件中的"拍照"按钮，将拍摄好的图片保存到文件夹中。

每块实木地板可以进行旋转，以不同的角度进行多次拍摄。这样即使实木地板缺陷样本数量较少，也可以获得较多的缺陷样本图片。

在此光学条件下，获取不少于30张合格的缺陷样本图片。

▶ 步骤3　换另一套光源

将圆顶光源取下，安装同轴光源（或者使用职业能力3-1-2中自己设计的其他光源系统），重新调节好相机和光源。

▶ 步骤4　再次拍摄图片

再次利用MV Viewer软件进行拍摄。同样，每块实木地板可以进行旋转，以不同的角度进行多次拍摄。在此光学条件下，获取不少于30张合格的缺陷样本图片。

▶ 步骤5　整理拍摄好的图片

新建一个文件夹，命名为"实木地板缺陷实验"。在这个文件夹内新建两个文件夹"训练集"和"测试集"。将所有缺陷样本图片的80%放到"训练集"文件夹里面，将剩下的20%图片放到"测试集"文件夹里面。

▶ 步骤6　整理归位

将所有设备取下并放回原处，整理实验桌面，保存好实木地板样本。

◢ 问题情境

问题1　拍摄完成后，如何判断拍摄到的缺陷样本图片是否合格？

提示：合格的缺陷样本图片应该保证能够清楚地看到所有需要看到的缺陷。

可以先用人眼观察样品的以下信息：有哪几类缺陷？每类缺陷的数量是多少？这些缺陷都分布在哪些位置？

拍摄完成之后，打开图片比对图片中的清晰可见的缺陷和人眼看到的缺陷是否一致。如果在所拍摄的图片中的缺陷能一一对应所有人眼看到的缺陷，则说明图片是合格的；如果在所拍摄的图片中，清晰可见的缺陷比人眼所看到的缺陷少，则说明有的缺陷没有被拍出来，此时就要重新调整相机和光源系统，确保人眼能看到的缺陷在拍摄的图片中也能看见。

问题 2　怎样才能让图片拍摄变得更加方便？

提示： 在拍摄图片时通常是手动单击拍照按钮来完成图片的采集。如果想要使图片采集变得更加方便，可以采用自动拍照的方式来进行拍摄。

首先，单击 MV Viewer 软件最上方一排中的"设置"按钮，如图 3-2-5 所示。

图 3-2-5　单击"设置"按钮

其次，在弹出的对话框中单击"图像保存"选项卡，在"节流选项"中选择第三项，在空格处填上希望间隔的拍摄时间，如 1000ms，如图 3-2-6 所示。

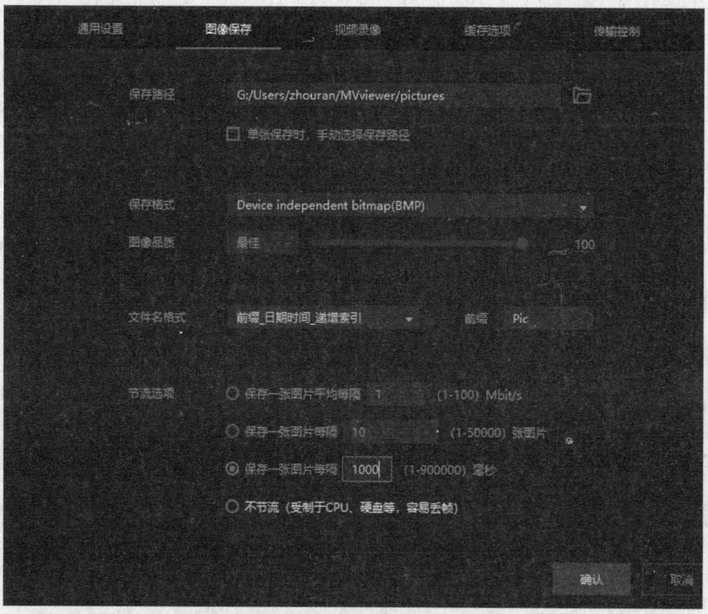

图 3-2-6　"图像保存"选项卡

最后，在拍摄图片的页面中，单击"自动保存"按钮，就可以按照每间隔1000ms拍摄一张照片的频率来完成图片的拍摄。当再次单击"自动保存"按钮时则停止拍摄。

（三）学习结果评价

请将学习结果评价填入表3-2-2中。

表3-2-2　学习结果评价

序号	评价内容	评价标准	评价结果（是/否）
1	样本图片的特征	能说出合格缺陷样本图片的特征	
2	训练集和测试集	能说出为什么要切分训练集和测试集及切分原则	
3	不同缺陷样本图片采集	能够采集60张不同角度、方向、形状的合格的缺陷样本图片	
4	缺陷样本图片分类整理	能够建立训练集和测试集文件夹，并放入对应图片	

五 拓展阅读

通常，有哪些开源的工业产品缺陷数据集呢？

以下介绍五个开源的工业产品缺陷数据集。这里不给出具体的下载地址，请自己思考怎么获取这些开源的数据集。

1 天池铝型材表面缺陷数据集

天池铝型材表面缺陷数据集里有1万份来自实际生产中有瑕疵的铝型材监测影像的数据，每个影像包含一种或多种瑕疵。供机器学习的样图会明确标明影像中所包含的瑕疵类型，如图3-2-7所示。

2 Kylberg布匹纹理数据集

在布匹的实际生产过程中，由于各方面因素的影响会产生污渍、破洞、毛粒等瑕疵。为保证产品质量，需要对布匹进行瑕疵检测。

布匹疵点检验是纺织行业生产和质量管理的重要环节，目前人工检测易受主观因素影响，缺乏一致性；并且检测人员在强光下长时间工作对视力影响极大。

布匹疵点种类繁多、形态变化多样、观察识别难度大。因此，布匹疵点的智能检测一直是困扰行业多年的技术瓶颈。

Kylberg布匹纹理数据集涵盖了纺织业中布匹的各类重要瑕疵，每张图片包含一种或多种瑕疵，如图3-2-8所示。图片包括素色布和花色布两类，其中素色布图片约8000张；花色布图片约12000张。

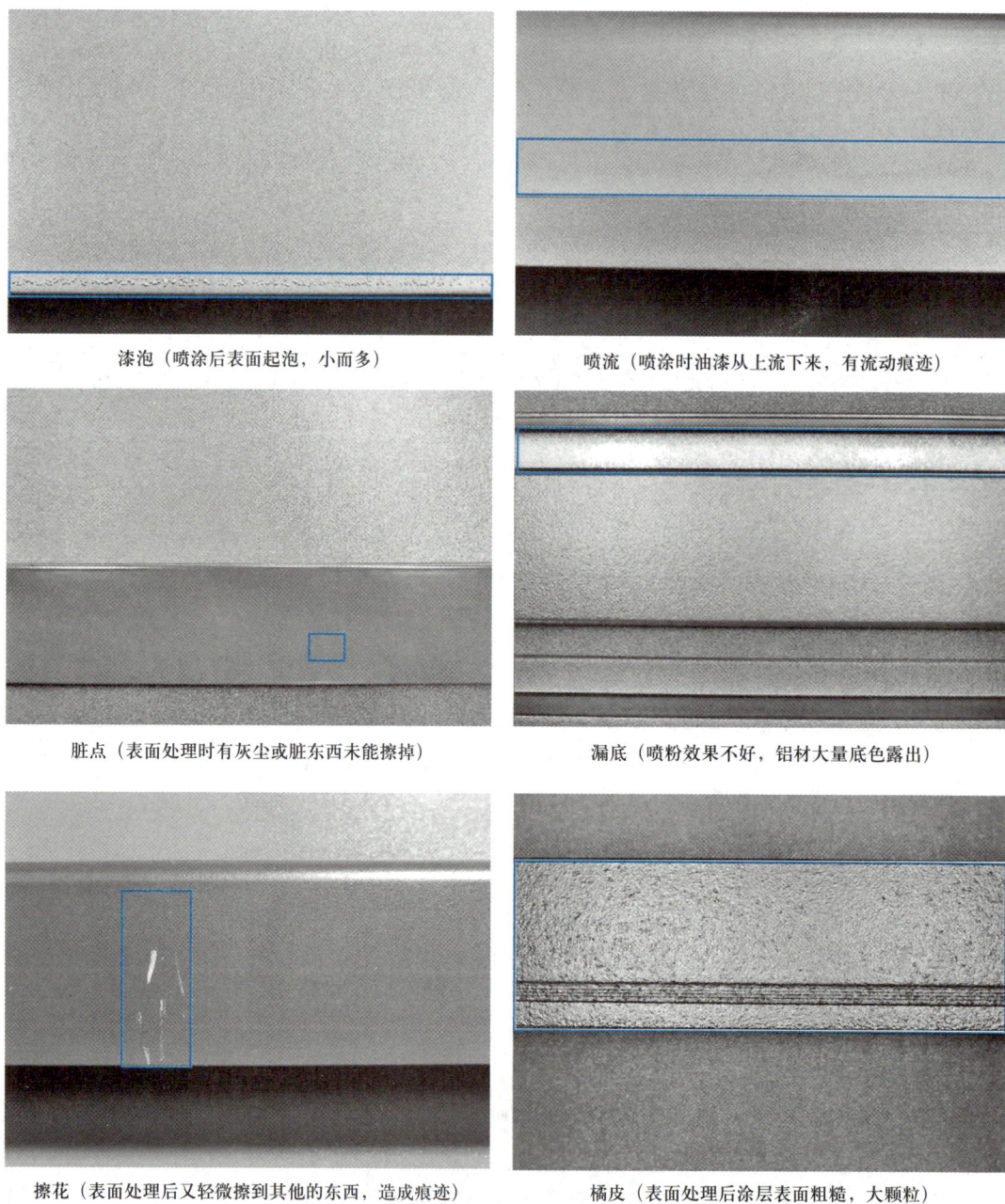

漆泡（喷涂后表面起泡，小而多）

喷流（喷涂时油漆从上流下来，有流动痕迹）

脏点（表面处理时有灰尘或脏东西未能擦掉）

漏底（喷粉效果不好，铝材大量底色露出）

擦花（表面处理后又轻微擦到其他的东西，造成痕迹）

橘皮（表面处理后涂层表面粗糙，大颗粒）

图 3-2-7　铝型材瑕疵类型示例

3　东北大学带钢表面缺陷数据集

东北大学带钢表面缺陷数据集收集了夹杂、划痕、压入氧化皮、裂纹、麻点和斑块六种缺陷，每种缺陷图片 300 张，图片尺寸为 200×200 像素，如图 3-2-9 所示。

该数据集包括分类和目标检测两部分，不过目标检测的标注中有少量错误，需要注意。

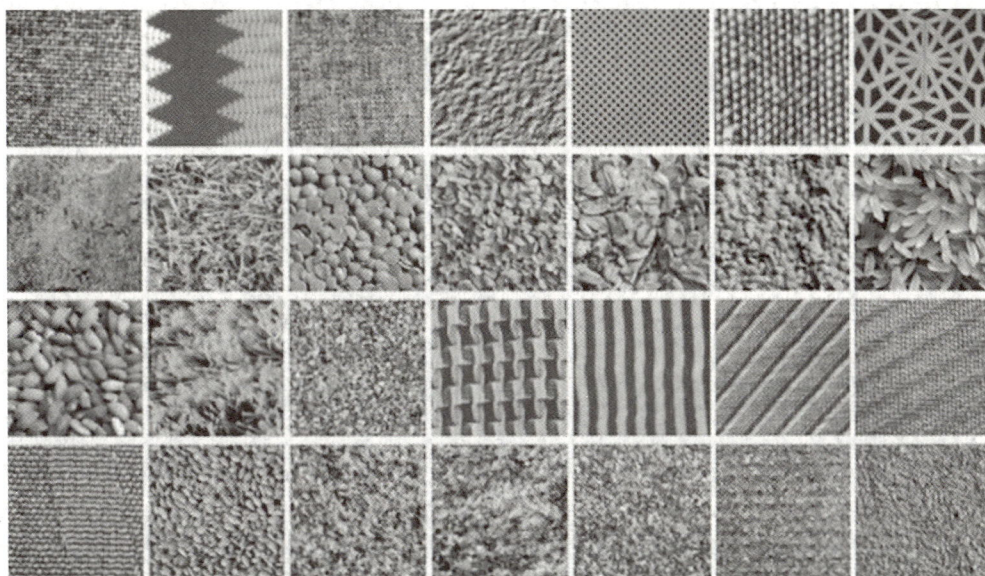

图3-2-8 布匹不同瑕疵类型示例

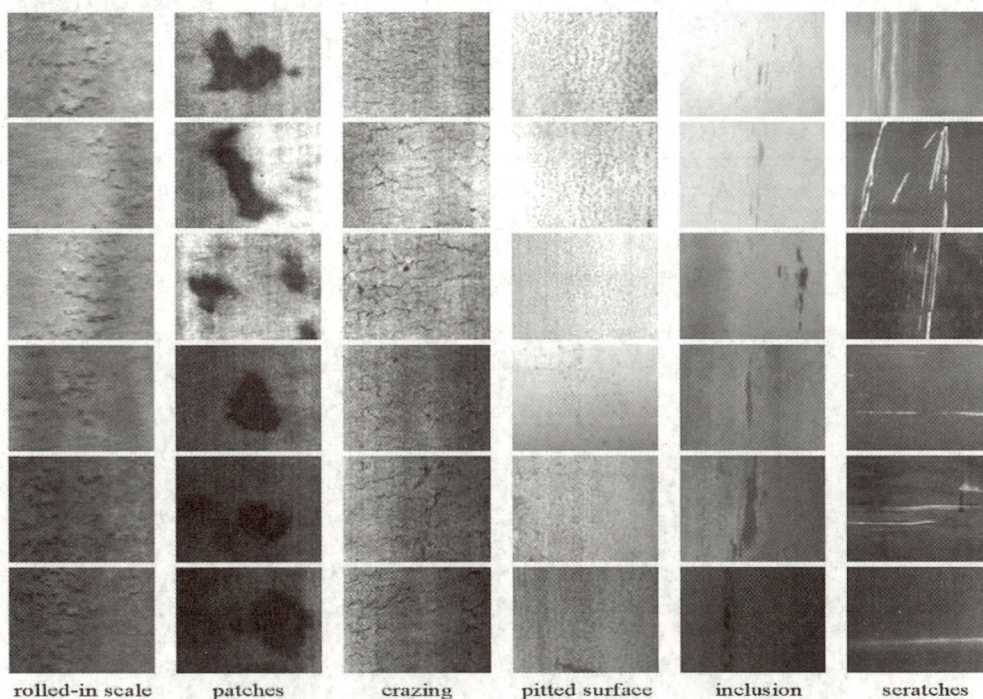

| rolled-in scale | patches | crazing | pitted surface | inclusion | scratches |

图3-2-9 带钢表面不同缺陷类型示例

4 Severstal 带钢缺陷数据集

Severstal 带钢缺陷数据集中提供了4种类型的带钢表面缺陷，如图3-2-10所示。训练集共有12568张图片，测试集共有5506张图片，图像尺寸为1600×256像素。

图3-2-10　带钢表面缺陷示例

5 印制电路板（PCB）瑕疵数据集

印制电路板（PCB）瑕疵数据集是一个公共的合成PCB数据集，由北京大学发布，其中包含1386张图像及六种缺陷（缺失孔、鼠咬坏、开路、短路、杂散、伪铜），用于检测、分类和配准任务。该数据集中的缺陷图像如图3-2-11所示。

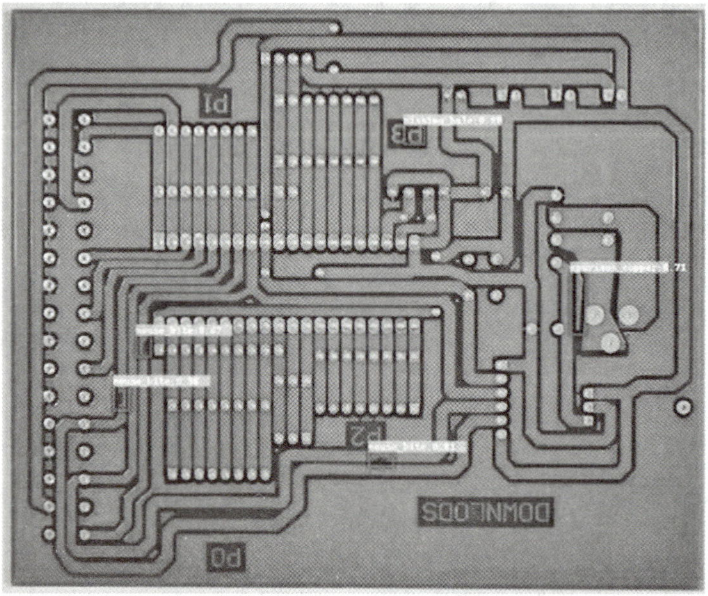

图3-2-11　PCB缺陷图像示例

课后作业

职业能力编号：_____

班级：_____　　　　姓名：_____　　　　日期：_____

1. 拍摄缺陷样本图片的时候要特别注意哪些方面？

----

2. 如果没有使用测试集，而是直接在训练集上做测试，结果会怎样？

----

3. 尝试调整自动拍照的时间间隔，使用自动拍照的方式拍摄20张缺陷实木地板的图片。

职业能力 3-2-2
能标注工业产品外观缺陷样本图片

一　核心概念

1　图像标注

正如职业能力 3-2-1 中所介绍的，计算机在图片识别领域不如人类聪明，需要人类先对图片进行正确的分类和标注，再提供给计算机进行学习。必须由人类把缺陷部分用标注框框选出来，并定义好标签，告诉计算机图片哪一部分包含了缺陷，以及包含了哪一类缺陷。这个过程就是工业产品外观缺陷的图像标注。

2　XML 格式文档

XML 指可扩展标记语言，XML 格式文档被设计用来传输和存储数据。

二　学习目标

- 说明标注后生成的 XML 文件内容的含义。
- 会独立标注缺陷样本图片。
- 在标注数据的重复工作中，形成严谨、细致的科学精神和工作作风。

三　基本知识

1　准确标注图片中的缺陷重要吗？

图片标注在计算机视觉中起着至关重要的作用。人工智能需要的人工干预比想象的要多。为了准备高精度的训练数据，必须对图片进行准确标注以得到正确的结果。

2　图片标注质量的评价标准是什么？

缺陷样本图片的标注质量将直接影响计算机识别缺陷的准确率。在其他条件都相同的情况下，图片标注越准确，训练出来的模型就越准确。因为图片标注引入的所有错误可能会影响最终的训练结果。

在机器学习中，图片识别的训练是根据像素点进行的，因此，图片标注的质量好坏取决于像素点的判定准确性。按照 100% 准确率的图片标注要求，标注像素点与标注物的边缘像素点的误差应该在 1 个像素以内。

3 标注完成的图片所生成的 XML 文件有什么含义？

打开任意一个标注完成后生成的 XML 文件，如图 3-2-12 所示。

由图 3-2-12 可知，文件中有很多行代码，部分参数含义如下。

```xml
<?xml version="1.0"?>
- <annotation>
    <folder>训练集</folder>
    <filename>缺陷木板训练 (1).jpg</filename>
    <path>C:\Users\zhu-p\Desktop\实木地板缺陷实验\训练集\缺陷木板训练 (1).jpg</path>
  - <source>
      <database>Unknown</database>
    </source>
  - <size>
      <width>2592</width>
      <height>1944</height>
      <depth>1</depth>
    </size>
    <segmented>0</segmented>
  - <object>
      <name>划痕</name>
      <pose>Unspecified</pose>
      <truncated>0</truncated>
      <difficult>0</difficult>
    - <bndbox>
        <xmin>895</xmin>
        <ymin>455</ymin>
        <xmax>1170</xmax>
        <ymax>801</ymax>
      </bndbox>
    </object>
  - <object>
      <name>脏污</name>
      <pose>Unspecified</pose>
      <truncated>0</truncated>
      <difficult>0</difficult>
    - <bndbox>
        <xmin>1134</xmin>
        <ymin>796</ymin>
        <xmax>1524</xmax>
        <ymax>1147</ymax>
      </bndbox>
    </object>
  </annotation>
```

图 3-2-12 完成标注后生成的 XML 文件

<folder>表示当前打开文件所在的文件夹。

<filename>表示当前打开文件的名称。

<path>表示当前打开文件所在的路径。

<size>共 3 行，其中前两行表示图片的宽度（width）和高度（height）；第三行 <depth>表示这张图片的颜色，数值若为 1 则表示图片为灰度图片，数值若为 3 则表示图片为彩色图片。

<object>这个类目下是标注框的具体信息，显示所标注的缺陷的名称、标注框的起始点坐标和结束点坐标。

对职业能力3-2-1中采集好的实木地板缺陷样本图片进行标注。

（一）操作条件

本操作需要使用计算机和深度学习图形化工具"小信"。

（二）操作过程

操作步骤及对应的质量标准如表3-2-3所示。

表3-2-3　操作步骤及其质量标准

序号	步骤	质量标准
1	打开深度学习图形化工具"小信"	可以顺利打开深度学习图形化工具"小信"
2	开始标注	标注框范围正确，标签准确
3	完成缺陷样本图片标注后检查标注文件	能够独立检查自己的标注有无错误
4	关闭深度学习图形化工具"小信"	关闭深度学习图形化工具"小信"，关闭计算机，整理桌面

操作步骤详解如下。

步骤1　打开深度学习图形化工具"小信"

在桌面上打开深度学习图形化工具"小信"，或者找到"小信"的安装目录，双击"main.bat"打开软件，切记不要关闭后台运行的cmd窗口，如图3-2-13所示。

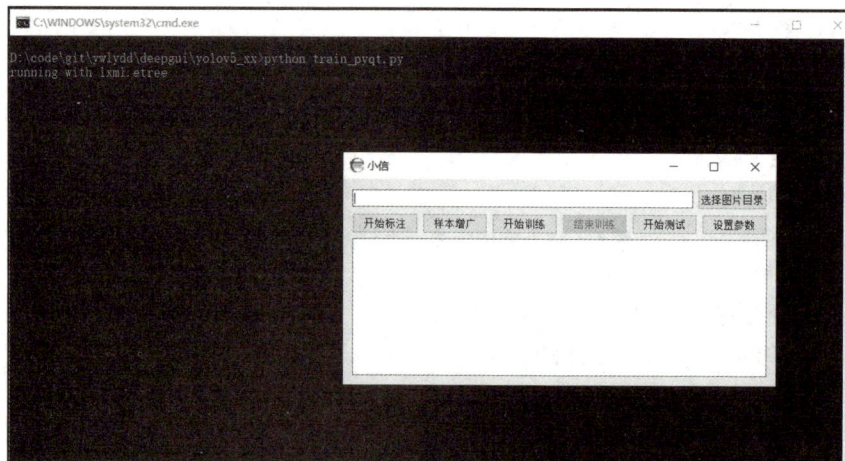

图3-2-13　打开"小信"软件

步骤2　开始标注

单击"开始标注"按钮，打开图片标注页面，如图3-2-14所示。

图3-2-14　图片标注页面

单击"打开文件夹"按钮，选择已经准备好的缺陷样本图片文件夹"训练集"。

单击"保存文件夹"按钮，选择保存文件夹的路径，默认为缺陷样本图片所在的文件夹"训练集"，计划将标注后的文件放在该文件夹内。

按下快捷键W开始进行标注。对于图3-2-15，一种缺陷的标签为"划痕"，另一种缺陷的标签为"脏污"。

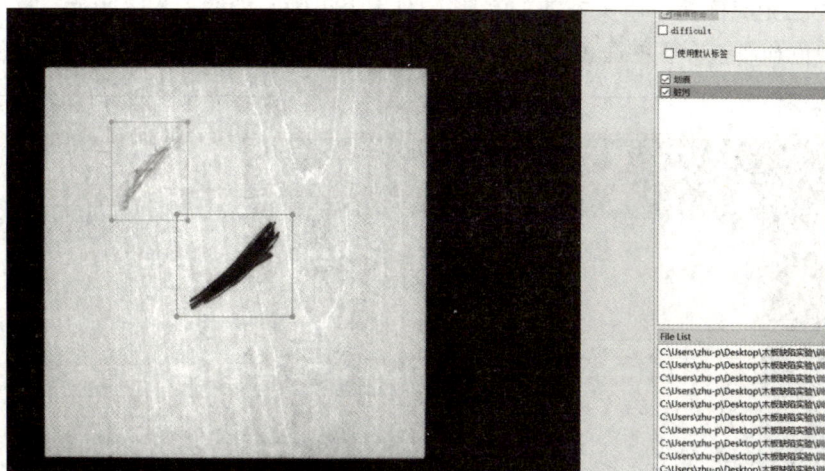

图3-2-15　两种缺陷的标签

依次标注60张缺陷样本图片。

▶ **步骤3**　完成缺陷样本图片标注后检查标注文件

当图片全部标注完成后需要检查标注是否有误。若标注内容有误，可能会影响最终生成模型的效果。

检查分为两步。第一步是打开"训练集"文件夹，如图3-2-16所示，检查每个缺陷样本图片文件是否都有对应的标注文件。如果标注文件数量比缺陷样本图片文件数量少，则说明有图片未进行标注。

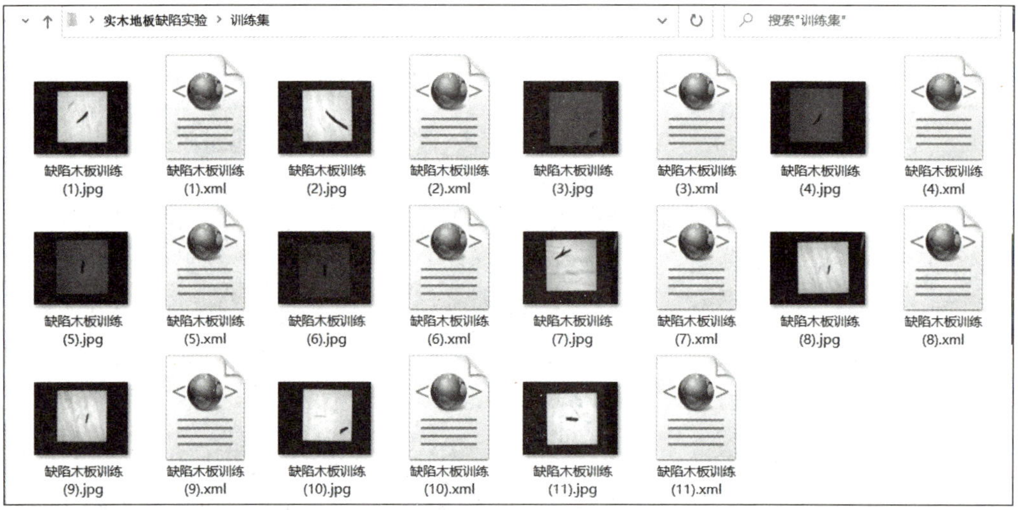

图3-2-16　打开"训练集"文件夹

第二步是在标注软件里操作，检查缺陷标注是否有遗漏，以及缺陷类别是否正确。

按下快捷键A打开前一张图片（或按下快捷键D打开后一张图片），逐张核对图片上的缺陷是否已完成标注，以及标注的缺陷类别是否正确，如图3-2-17所示。这里请注意，标注框的颜色和右边标签的底色是一一对应的。

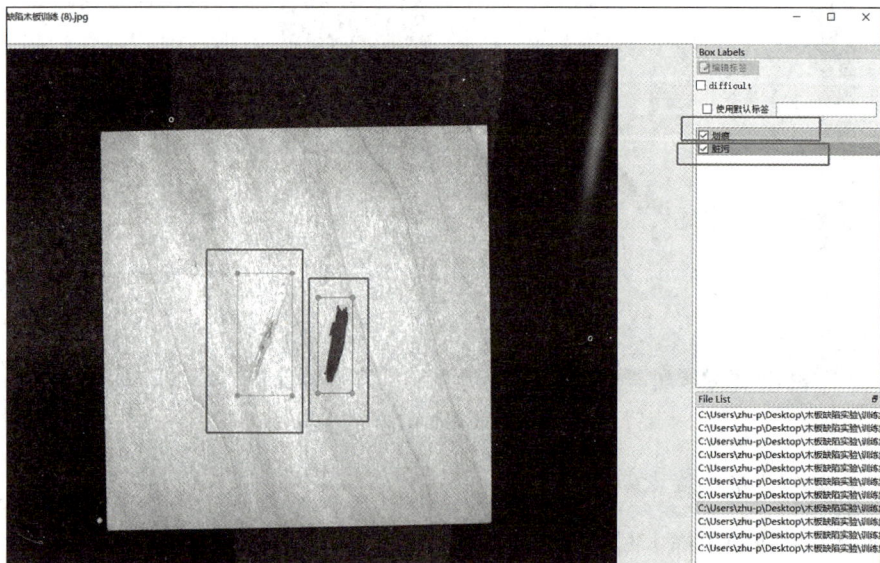

图3-2-17　逐张核对图片

▶ 步骤4 关闭深度学习图形化工具"小信"

关闭深度学习图形化工具"小信"，关闭计算机，整理桌面。

✓ 问题情境

问题1 标注缺陷样本图片的时候，标注框交叠会对训练模型的准确性产生影响吗？

提示：在实际生产中，产品的缺陷位置很可能非常接近。在进行矩形框标注时，几个不同类别的标注框可能会有交叠，不同种类的缺陷被放入同一标注框内。

如图3-2-18所示，划痕与脏污的标注框出现交叠，在划痕所在的矩形框的左下角出现了部分脏污的缺陷。算法模型在学习提取"划痕"的特征时，会将整个划痕所在的矩形框的图片区域识别为"划痕"，因此，会认为左下角出现的脏污是"划痕"的一部分特征，导致错误的特征提取。

图3-2-18　标注框交叠

如果大部分标注框都发生了交叠，则会影响模型的准确性，此时应考虑删除该图片。但如果只是个别的标注框发生了交叠，其影响则较小。

问题2 标注缺陷样本图片时有没有一些小技巧？

提示：（1）标注框不仅可以从左上往右下拉框，也可以从右上往左下拉框。如图3-2-19所示的缺陷，若从左上往右下拉框，则不太容易判断起点的合适位置，而如果从右上往左下拉框，则比较方便。

（2）拉框之后若发现标注框过大或者过小，不一定要把标注框删除重画，而是可以单击这个标注框，当整个标注框变成蓝色时，单击标注框的顶点，顶点会变成红色，按住红点可以拖动并改变标注框的大小，如图3-2-20所示。另外，当整个标注框变成蓝色时，按住鼠标左键也可以对标注框进行整体拖动。

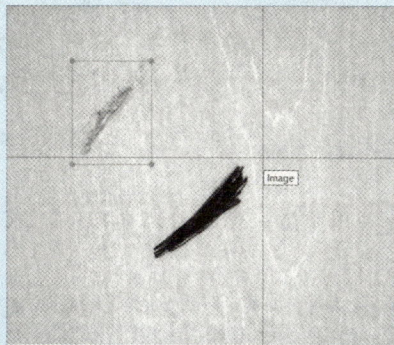

图3-2-19　缺陷示例

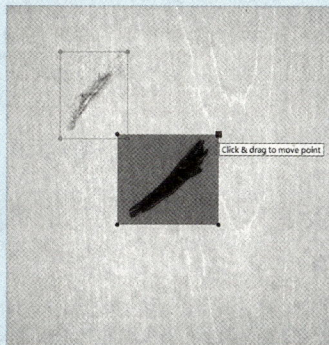

图3-2-20　拖动并改变标注框的大小

（三）学习结果评价

请将学习结果评价填入表3-2-4中。

表3-2-4　学习结果评价

序号	评价内容	评价标准	评价结果（是/否）
1	XML文件内容的含义	能对照自己标注后生成的XML文件，说明文件内容的含义	
2	缺陷样本图片标注	可以独立标注完成60张缺陷样本图片并检查标注文件	

五　拓展阅读

很多人工智能、互联网、金融、汽车、无人机行业的企业都需要采购数据标注服务，部分企业年度采购预算甚至在亿元以上的规模。数据标注已经发展成为一个庞大的产业，出现了许多专业的数据标注公司，需要大量的专业人才。在专业化的数据标注公司中，数据标注的流程是怎样的呢？

在专业化的数据标注公司中，面对大量的定制化的客户需求，一般可以按照如图3-2-21所示流程开展数据标注的业务。

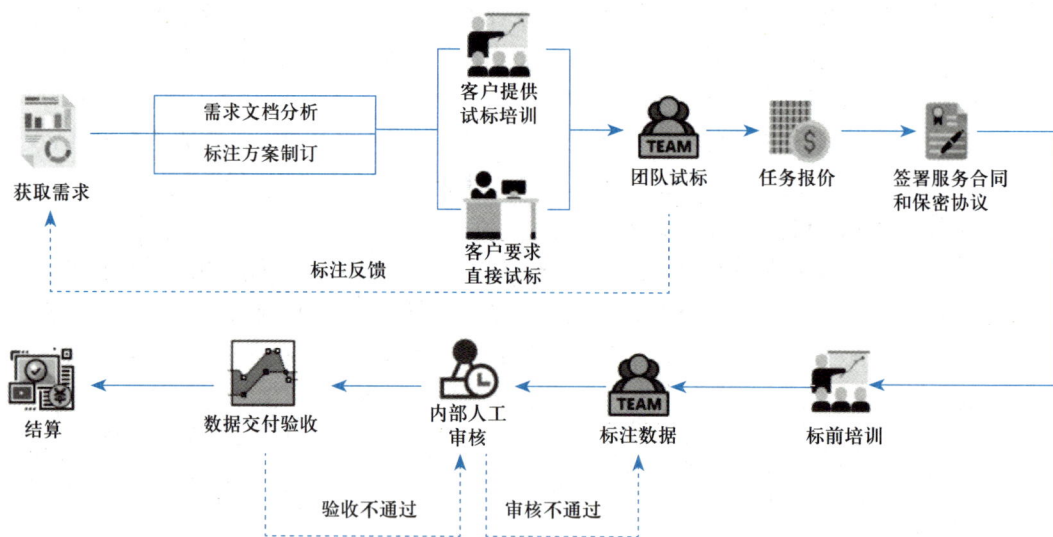

图3-2-21　数据标注流程示意图

（1）获取需求：从客户处获取具体的标注需求和少量数据，分析客户的需求文档，并制订标注方案。

（2）试标：客户提供少量已标注好的样本（称为实例），以及标注的规范文档和试标培训，并由标注团队按照规范文档的要求试标少量数据，然后对后期标注时可能出现的问题进行详尽分析。将试标结果反馈给客户，经客户认可后进入报价阶段。

（3）任务报价：根据试标过程确认的工作量进行任务报价。报价的影响因素包括原始数据的质量、约定的交付时间、客户的验收标准（如对合格率的要求）。目前所学习的矩形框标注最为简单，报价也最低，其当前市场价为 0.08~0.1 元/框；多边形框的报价通常为 0.12 元/框；OCR 标注的报价通常为 0.025 元/字符；语音类的标注难度较大，其报价通常可以达到 200~800 元/h。

（4）签署服务合同和保密协议：双方签署数据标注服务的合同，约定服务要求（交付时间、质量标准等）、验收方式、支付方式、延期交付的处理方式等。此外，客户提供的数据是客户的核心资产，标注公司应与客户签订保密协议，确保客户的数据信息不外泄。

（5）标前培训：标注公司的售前服务人员和管理员根据服务要求和试标结果对标注员和审核员进行培训。

（6）标注数据：标注公司的管理员根据项目的交付要求，安排项目进度和当期投入的人力资源，发放和回收标注任务；标注员根据服务要求对数据进行标注和自检。通常，标注员的绩效工资与工作量及准确率直接挂钩。

（7）内部人工审核：审核员根据服务要求，审核经标注员标注好的数据，完成数据校对和数据统计。若审核不通过，有时候由审核员适时修改错误并补充遗漏的标注，有时候直接打回标注员重新进行标注。

（8）数据交付验收：经审核后，确保达到客户的质量标准，将数据交付客户验收。若客户验收不通过，则退回内部重新进行人工审核和重新标注。

（9）结算：最后由客户按照服务合同进行付款和结算。

🔲 课后作业

职业能力编号：_____

班级：_____   姓名：_____   日期：_____

在职业能力 2-1-2 的拓展阅读部分提到，在数据标注行业中，一般有标注员、审核员、管理员三类不同的职业岗位。在本节的能力训练部分，执行训练的角色是标注员。现在请两两一组，互相审核对方所标注的数据，适时修改错误并补充遗漏的标注，执行审核员的角色，并填写一份工作心得报告。

任务 3-3 训练和部署工业产品外观缺陷检测模型

职业能力 3-3-1
能训练工业产品外观缺陷检测模型

一 核心概念

1 机器学习中的"模型"

简单来说，机器学习中的"模型"，就是学习数据的特征的内部规律的一个函数。

"模型"这个术语看似高深，其实在日常生活中有很多应用。古语有云"一叶落而知天下秋"，意思是从一片树叶的凋落就可以知道秋天将要到来。这其中就蕴含了朴素的机器学习的思想，揭示了可以通过学习对"落叶"特征的经验，预判秋天的到来。

来看一个数学上的例子。以图 3-3-1 为例，实心点是原始的数据。这些数据的内部特征可以用一个函数来描述。图（a）使用一元一次方程 $y'=b_0+b_1x$ 来描述，而图（b）使用一元二次方程 $y'=b_0+b_1x+b_2x^2$ 来描述。在这里，描述数据内部特征的函数 y' 就是模型，b_0、b_1、b_2 就是模型的参数。

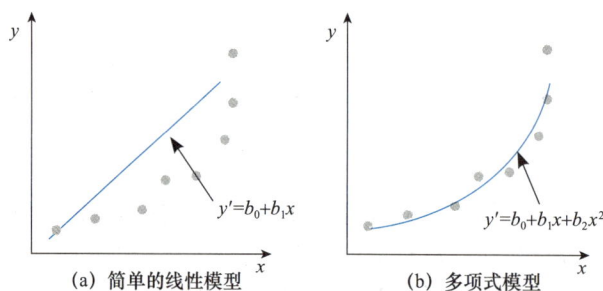

（a）简单的线性模型 $y'=b_0+b_1x$

（b）多项式模型 $y'=b_0+b_1x+b_2x^2$

图 3-3-1 数学示例

2 训练模型

"训练"就是指优化模型的过程。训练模型就是工程师在不断寻找损失函数的各种参数的过程，因此训练也称为"调参"。

可以用一个函数来具体衡量预测值与实际值之间的误差，这种函数称为损失函数（loss function）。

仍然以图 3-3-1 为例，函数曲线是预测值，实心点是实际值。对于同一个 x，曲线所预测的 y' 值与实际的 y 有一定的误差。

此时，可以选取误差为预测值与实际值之间的差 $d=y-y'$，选取损失函数为所有已知点的 d 的总和，则当参数 b_0、b_1、b_2 的某个组合使得 d 最小时，认为模型最"好"。

也可以选取误差为预测值与实际值之间的差的绝对值 $d=|y-y'|$，选取损失函数为所有已知点的 d 的总和，则当参数 b_0、b_1、b_2 的某个组合使得 d 最小时，认为模型最"好"。

请思考，对于图 3-3-1 而言，上面的两种损失函数中哪种更为合适呢？

二　学习目标

- 说出深度学习中"模型"和"训练"的概念。
- 知道软件中参数配置"预训练模型"的概念。
- 能够独立开始训练模型，并可以生成训练模型。
- 能够设置不同参数进行训练，并生成不同的训练模型。
- 在训练模型的过程中培养一丝不苟的工作作风。

三　基本知识

1　什么样的模型是好的模型呢？

简单来说，"好"的模型就是指模型的预测值与实际值之间的误差尽可能地小。

在产品外观缺陷检测中，模型的好坏直接决定了外观缺陷判断的准确率。一个好的模型可以又快又准确地判断一张图片中的产品是否有缺陷、有什么缺陷、缺陷在哪里。

2　什么是模型的优化？

学习到"好"的模型是机器学习的直接目的。学习到"好"模型的过程就是模型的优化。

模型的优化就是指经过一定的学习，通过优化模型的参数，使得当参数取某个组合时损失函数最小，也就是能让模型预测得更加准确。

模型不仅需要在已知样本上表现优秀，更要在未知样本上具有相近的表现，这就是模型泛化所需要讨论的问题。

3　预训练模型是什么意思？

想象一下这种场景，假设某人会驾驶手动挡的汽车，没有驾驶过自动挡的汽车。当第一次接触自动挡汽车时，经过简单的学习，可能很快就掌握了自动挡汽车的驾驶方法。

预训练模型顾名思义就是预先训练好的模型，即不仅模型结构已定义，而且是已通过大量训练数据学习好参数的模型。有了预训练模型，再处理类似的任务就会更快。这就相当于已经学习过如何驾驶手动挡汽车，再学习自动挡汽车的驾驶时就会大大缩短学习时间。

利用预训练模型有以下优点：会更快地得到一个好的模型；会得到一个更好的模型；降低因为初始化或初始化不当可能导致的模型训练速度变慢、训练崩溃直到失败等的概率。

四　能力训练

设置不同的参数，独立训练出 3 个实木地板检测模型。

（一）操作条件

本操作需要使用计算机和深度学习图形化工具"小信"。

（二）操作过程

操作步骤及对应的质量标准如表 3-3-1 所示。

表 3-3-1　操作步骤及其质量标准

序号	步骤	质量标准
1	打开深度学习图形化工具"小信"	可以顺利打开深度学习图形化工具"小信"
2	开始训练模型	可以顺利开展模型训练，获得训练好的模型
3	改变训练参数	能够独立根据实际情况改变训练参数
4	再次开始训练模型	可以顺利开展模型训练，获得训练得更好的模型
5	关闭深度学习图形化工具"小信"	关闭深度学习图形化工具"小信"，关闭计算机，整理桌面

操作步骤详解如下。

步骤 1　打开深度学习图形化工具"小信"

在桌面上打开深度学习图形化工具"小信"，或者找到"小信"的安装目录，双击 main.bat 打开软件，切记不要关闭后台运行的 cmd 窗口。

步骤 2　开始训练模型

单击"选取测试图片目录"，找到"木板缺陷实验"文件夹目录下的"训练集"文件夹，如图 3-3-2 所示，并单击"选择文件夹"。

不修改任何参数，单击"开始训练"，能看到软件下面的提示框内开始显示一些信息，这表示已经开始训练。

观察后台运行的 cmd 窗口内显示的信息，这些信息比软件提示框里显示的还要多一些。需要特别注意的是图 3-3-3 所示的方框内的信息。每一个方框内有两个时间，通过符号"<"相连，前者表示这一轮已使用的训练时间，后者表示这一轮还剩余的训练时间。

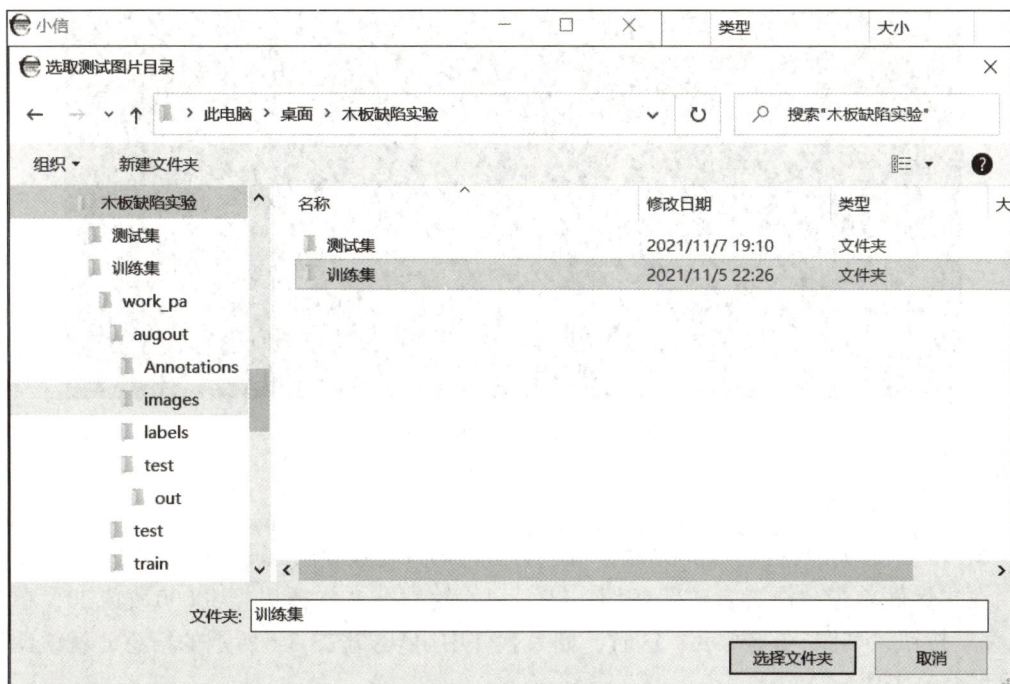

图3-3-2　找到"训练集"文件夹

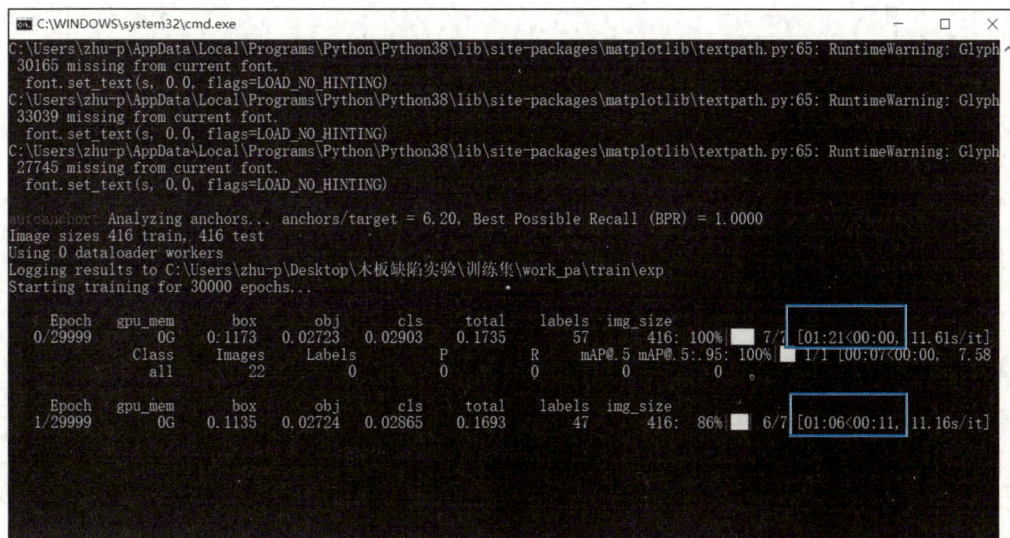

图3-3-3　cmd窗口显示的信息

从图3-3-3中可以看到，第一轮训练已经完成，第二轮已经训练了1分6秒，还需要11秒来完成训练。

请估算，按照图3-3-4所示的训练时间，训练完30000轮需要花费多少时间？

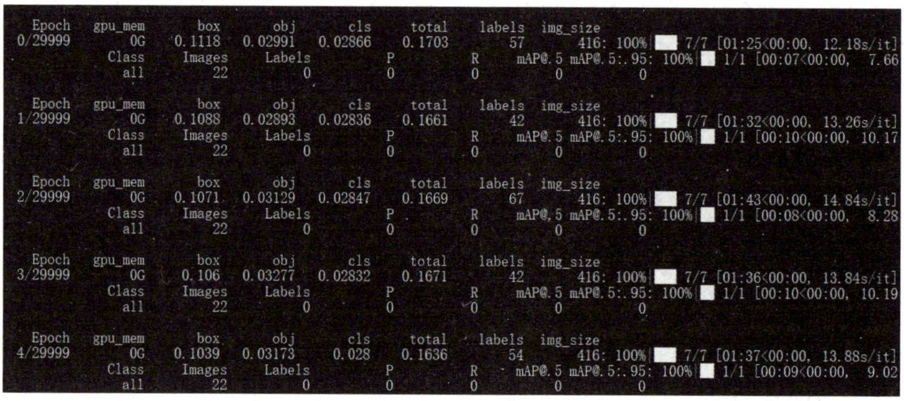

图3-3-4　训练时间计算练习

▶ **步骤3**　改变训练参数

软件默认的训练轮数为30000轮，可以尝试把训练轮数改成20轮。

在主界面单击"设置参数"按钮，在"迭代轮数"文本框里把30000改成20，单击"保存"按钮，如图3-3-5所示。这时，如果软件中出现如图3-3-6所示的信息，就说明参数已经修改成功。

图3-3-5　修改训练轮数

▶ **步骤4**　再次开始训练模型

在主界面再次单击"开始训练"按钮，等待20轮训练结束。结束后，软件会提示训

```
保存参数:['epoch': 20, 'learing_ratio': 0.0025, 'batch': 16, 'model_kind': 0, 'model_choose': 0, 'pre': False, 'pre_model': 0,
'width': 416, 'height': 416, 'gpu_yes': True, 'argument': False, 'cut': False, 'mulsize': False, 'bright': False, 'rotate':
False]
```

图 3-3-6　保存参数信息

练已经完成，并给出训练时间，如图 3-3-7 所示。

在"训练集\work_pa\train\weights"文件夹中会出现一个新生成的 best.pt 文件，这就是模型文件，里面保存了模型的相关参数，如图 3-3-8 所示。复制 best.pt 文件，将其保存在其他文件夹中并重命名，否则会被后面新生成的 best.pt 文件所覆盖。

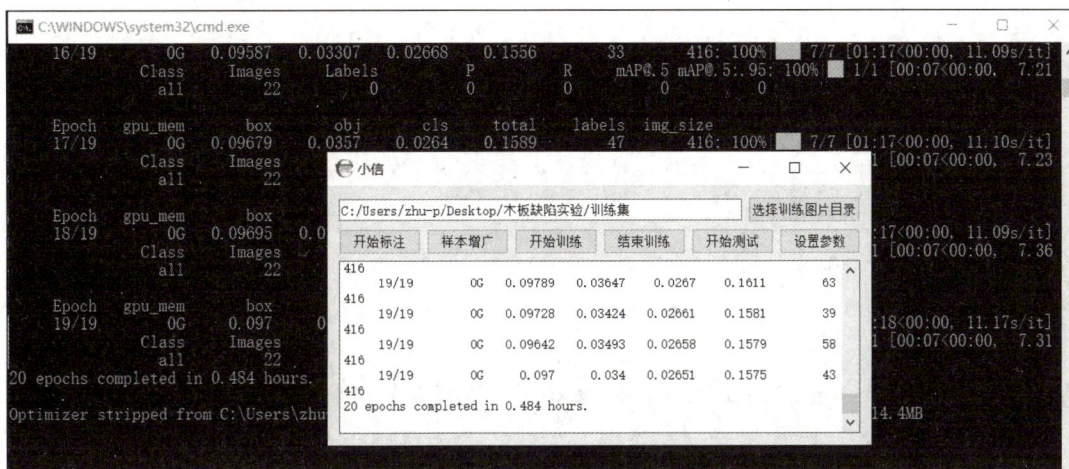

图 3-3-7　训练完成

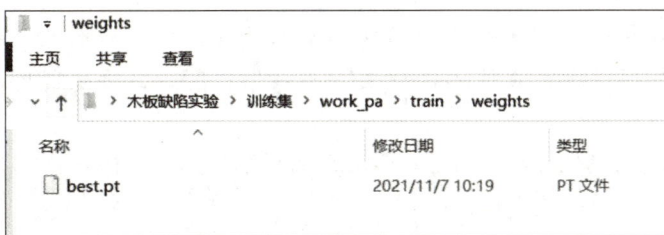

图 3-3-8　best.pt 文件

在"参数配置"对话框中两次更改"学习率"这个参数（一次将数值改大，一次将数值改小），重复以上步骤，获得另外两个模型。

▶ 步骤5　关闭深度学习图形化工具"小信"

关闭深度学习图形化工具"小信"，关闭计算机，整理桌面。

问题情境

问题1　对于"学习率"这个参数，在实际工作中，应该怎么设置呢？

提示：请回忆在职业能力1-1-2中初步了解过的学习率的概念。在模型训练中，学习率就是每次调整参数变化的方向和大小。如果学习率数值设置得太小，会使通过训练达到最优模型的时间变长；如果学习率数值设置得太大，则有可能错过最佳的模型。学习率大小对模型训练的影响如图3-3-9所示。

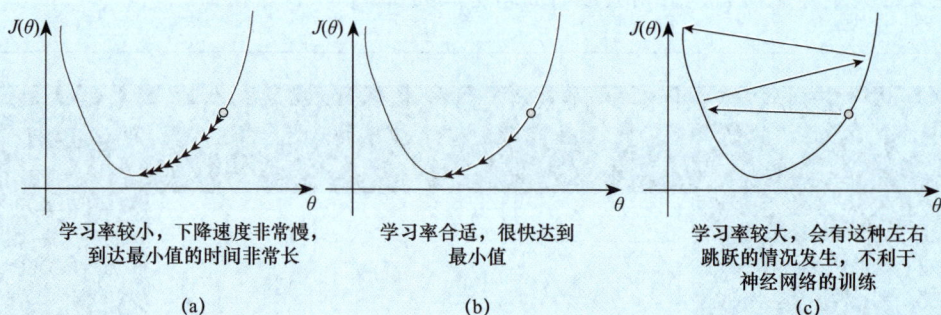

图3-3-9　学习率大小对模型训练的影响

一般来说，有经验的工程师会根据以往类似项目的经验来设置学习率，再根据训练出模型的效果进行调整。在实际工作中，会先选择一个稍微大一点的学习率，然后再逐步减小学习率，以此来获得最优的模型。

在深度学习图形化工具"小信"中，默认的学习率是0.00250。

问题2　在人工智能企业的实际工作中，在项目早期，有时候产品缺陷图片样本是由客户来提供的。但是由于产品缺陷本来就较少，不好收集，导致客户提供的样本数量非常有限，无法达到很好的训练效果。有什么办法能解决样本数量少的问题吗？

提示：请回忆在职业能力1-1-2中学习过的样本增广的方法。

（三）学习结果评价

请将学习结果评价填入表3-3-2中。

表3-3-2　学习结果评价

序号	评价内容	评价标准	评价结果（是/否）
1	深度学习中"模型"和"训练"	能说出"模型"和"训练"的概念	
2	预训练模型	能说出使用预训练模型的好处	
3	外观缺陷模型训练	能够独立开始训练，调整参数生成不同的外观缺陷训练模型	

序号	评价内容	评价标准	评价结果（是/否）
4	能够设置不同参数进行训练，并生成不同的训练模型	可以独立修改参数，生成不同的训练模型	

（五）拓展阅读

相比传统的产品人工质检方式，人工智能质检具备质检效率高、检测精度高、质检系统稳定等优势。在工业数字化转型大背景下，采用人工智能完成产品质检无疑是最好的选择。

以隐形眼镜为例，大多数制造商采用随机抽样的方法来检测一般产品是否存在缺陷，而在隐形眼镜的生产线上则要求对镜片进行全检。质检人员每班最多只能检查4000只镜片，造成生产瓶颈。此外，人工误检和漏检也是不可避免的。

虽然可以对隐形眼镜的缺陷进行分类，但由于缺陷形态比较复杂，传统的机器视觉方法依赖固定的几何算法来发现缺陷，无法很好地应用在隐形眼镜的检测中，导致检测的准确率无法被客户接受。然而，使用基于人工智能的机器视觉方法就可以很好地检测复杂的隐形眼镜缺陷，如毛刺、气泡、边缘粗糙、颗粒、划痕等。如图3-3-10所示，基于人工智能的机器视觉方法可以检测透明隐形眼镜中的微小缺陷。与之前使用人工来完成质量控制流程相比，使用基于人工智能的机器视觉方法后检测效率得以显著提升，每个基于人工智能的智能相机可以检测的隐形眼镜数量是人工质检方式的50多倍，而且检测精度可从30%提高到95%。

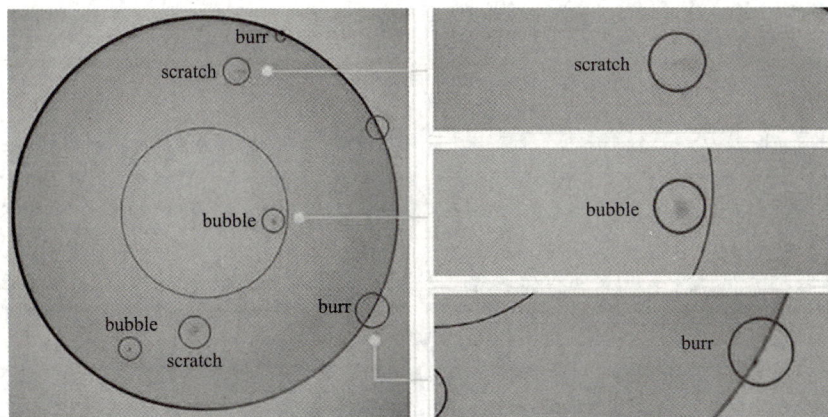

图3-3-10　使用基于人工智能的机器视觉方法检测透明隐形眼镜

课后作业

职业能力编号:＿＿＿＿＿＿＿＿＿＿＿＿＿＿＿＿＿＿＿＿＿＿

班级:＿＿＿＿＿＿＿＿　　　　　姓名:＿＿＿＿＿＿＿＿　　　　　日期:＿＿＿＿＿＿＿＿

在本节的"能力训练"过程中,完成以下任务:

1. 记录20轮训练中每一轮的total值,观察它有什么变化规律。

2. 在训练模型的过程中设置高学习率和低学习率,比较其优点和缺点分别在哪里。

3. 记录不同参数条件下,单轮训练的时间变化。

职业能力 3-3-2
能在本地部署工业产品外观缺陷检测模型

一　核心概念

1　推理

将训练好的模型应用到具体的环境中的过程，就是推理。

训练对算力的需求非常大，而推理对算力的需求相对较小。例如，训练一个可以识别猫的图片的模型需要导入大量的数据，进行多轮的迭代，消耗大量的算力资源和时间。但是提供一张全新的图片，让已经训练过的模型来推理判断这张图片中是否有猫，需要的算力则要小得多。

2　模型部署的场景

按照模型部署的位置，可以将模型部署分为两大场景：端侧部署和云端部署。

在各类终端上部署模型就是模型的端侧部署，也叫本地部署。如在生活中使用终端的各种类型，如手机、手表、摄像头、传感器、音箱等，在这些终端上可以部署各类基于人工智能的业务应用。端侧部署无须将数据上传到云端，在终端上提供人工智能推理功能的同时，还具有低延时和保护数据隐私的优势。端侧部署的例子非常多，如手机上的 OCR 功能、校园门口的人脸识别闸机、智能音箱的语音交互功能等。

在服务器上部署模型就是模型的云端部署。常见的云端部署应用包括智能推荐、自动审核、在线翻译等。在云端部署场景中，业务请求量通常都非常大，对资源的要求很高。进行云端部署时，基于对资源利用率的考虑，通常会在同一个集群中部署多个不同的业务，以共享资源。

二　学习目标

- 说出本地部署模型的步骤。
- 能够独立完成部署模型的操作。
- 会评价一个模型的好坏，并能够评价自己训练出来的模型的好坏。

三　基本知识

1　工程师们怎样部署模型？

模型的训练和部署通常在不同的环境中实现。例如，有可能在 Windows 环境中训练模型，而在 Linux 环境中部署模型；或者在某一型号 GPU 环境中训练模型，但是在移动终端部署模型。因此，在生产环境中部署模型，通常会做如下的处理。

针对不同平台对生成的模型进行转换，并对转化后的模型进行优化，继而在特定的平台（端侧或云端）成功运行已经转化好的模型；在模型可以运行的基础上，保证模型的速度、精度和稳定性。

2　如何评价模型的好坏？

评价模型好坏的方式有很多种——如使用准确率、精度、召回率这些评价指标，或者看模型的定位、分类效果，还可从模型的检测速度来做评价。这里介绍一种比较简单易懂的评价方式。

在职业能力 1-1-4 中，曾学习拟合、过拟合和欠拟合的概念，判断模型是拟合、过拟合还是欠拟合，是评价模型的一种方式。

欠拟合指的是模型在训练和预测时表现都不好的情况。欠拟合的原因是样本不够或者算法不精确，模型没有学到测试样本特性，不具泛化，拿到新样本后没有办法准确地判断。欠拟合模型可以理解成模型的复杂度较低，无法很好地学习到数据背后的规律。

过拟合是指模型对于训练数据拟合过当的情况。反映到评估指标上，就是模型在训练集上的表现很好，但在测试集和新数据上的表现较差。

过拟合的原因是找到的模型太过贴近训练数据的特征，在训练集上表现非常优秀，近乎完美地预测了所有的数据，但是在新的测试集上却表现平平。例如，告诉计算机"1＋1＝2"之后，算法通过自己的学习，推广出计算多位数的加减法。如果计算机在不停断的测试中都能够算对，那么可以认为计算机已经总结出了加法的内部规律，并且能够举一反三；如果计算机只会计算给机器"看过"的如"3＋3＝6"，而不会计算没有教过它的"8＋9＝17"，那么就认为计算机只能死记硬背，并没有举一反三的能力。

在机器学习和深度学习的训练过程中经常会出现欠拟合和过拟合的现象。要解决欠拟合的问题，可以通过更换一个更复杂的模型、增加训练轮数等方式来实现；要解决过拟合的问题，可以通过更换一个更简单的模型、及时停止训练、增加样本数量和复杂度等方式来实现。

四　能力训练

部署职业能力 3-3-1 中训练的三个模型，对三个模型进行测试，并在实验台上部署检测模型，对实木地板缺陷进行检测。

（一）操作条件

本操作需要使用计算机和深度学习图形化工具"小信"。

（二）操作过程

操作步骤及对应的质量标准如表 3-3-3 所示。

表 3-3-3　操作步骤及其质量标准

序号	步骤	质量标准
1	打开深度学习图形化工具"小信"	可以顺利打开深度学习图形化工具"小信"
2	进行三次测试并记录测试结果	可以顺利开展测试，并能够记录测试结果、计算检出率
3	选出三个模型中的最优模型	能够对三个模型进行评估，并选出最优模型
4	应用最优模型对实木地板实物进行检测	能够对模型进行本地部署，并对实物进行检测，计算检出率
5	关闭深度学习图形化工具"小信"	关闭"小信"及计算机，整理桌面

操作步骤详解如下。

▶ **步骤1**　打开深度学习图形化工具"小信"

在桌面上打开深度学习图形化工具"小信"，或者找到"小信"的安装目录，双击"main.bat"打开软件，切记不要关闭后台运行的 cmd 窗口。

▶ **步骤2**　进行三次测试并记录测试结果

找到 best.pt 文件，如图 3-3-8 所示。

在主界面单击"开始测试"按钮，找到"木板缺陷实验"文件夹目录下的"测试集"文件夹，并单击"选择文件夹"按钮后，程序自动开始进行测试。

执行完成后在"测试集"文件夹目录下会生成一个"out"文件夹，如图 3-3-11 所示，打开该文件夹查看测试结果，并将测试结果记录在表 3-3-4 中。

图 3-3-11　"out"文件夹

表 3-3-4　测试结果记录表

序号	划痕是否检出	脏污是否检出
1		
2		
3		
4		
5		
6		
7		
8		
9		
10		
11		
12		
检出率（检出数/12×100%）		

将刚刚测试使用过的模型文件拖到其他地方（新生成的 best.pt 文件默认会覆盖之前的模型文件），放入在职业能力 3-3-1 中生成的另外两个模型文件中的一个。重复以上步骤，再进行一次测试，并使用表 3-3-4 记录测试结果。

重复以上步骤，将第三个模型的测试结果记录在表 3-3-4 中。

把其他同学测试集里的图片复制到自己的计算机中，尝试用自己的模型检测其他同学的图片。

▶ 步骤3　选出三个模型中的最优模型

分析以上三个模型的检出率，得出最优模型。

如有必要，根据检测结果重新优化模型。

▶ 步骤4　应用最优模型对实木地板实物进行检测

将优化后的模型部署（安装）在实木地板检测实验台主机上，打开"小信"，在主界面单击"打开视频"按钮，在主机摄像头前放上带缺陷的实木地板，观察软件能不能识别这些缺陷。

▶ 步骤5　关闭深度学习图形化工具"小信"

关闭深度学习图形化工具"小信"，关闭计算机，整理桌面。

🔧 问题情境

问题1　部署模型的时候，如果发现生产环境中有粉尘等因素对识别产生干扰，该怎么办？

　　提示：这通常有两个解决办法。

　　一是从整个设备的结构上着手，如增加屏蔽外界灰尘的装置，使检测设备的密封性更好，或者增加除尘设备，让被检测的物品在拍照之前先经过除尘设备，把表面的灰尘除去。

　　二是将灰尘作为一类缺陷进行标注和训练，这样它就不会和现有的缺陷类别混淆，计算机也能将灰尘和真正的缺陷区分开来，不会引起误识别。

　　问题2　工厂里对检测的效果会有哪些考虑？

　　提示：在工厂中，对检测结果要求越严格，误检的可能性也就越大。误检是指把好的产品判定为带有缺陷的产品。

　　不同的工厂对于检测效果一般会有两种不同的要求。一类工厂的出货品控特别严格，宁可因为误检影响生产进度，也不允许带有缺陷的产品流入市场，如手机屏幕厂商、电池厂商、汽车零部件厂商等；另一类工厂对品控的要求相对较低，通常希望误检尽可能少，从而保证一定的生产进度。

　　问题3　某工厂对产品中的划痕或脏污是否可以被认为是缺陷有一定的标准，只有划痕长度或脏污大小达到一定标准才被认为是缺陷。若某未达缺陷标准的部位也一直被认为是缺陷，导致机器频繁报警，这种问题应该如何解决呢？

　　提示：此时需要人工修改报警的标准阈值。例如，如果原先的阈值是检测到长度超过1cm的缺陷要报警，就要根据实际情况把阈值提高到1.2cm或者其他数值。同理，如果阈值设置得太高，漏报了很多缺陷，此时就要把阈值降低，以减少漏报。

（三）学习结果评价

　　请将学习结果评价填入表3-3-5中。

表3-3-5　学习结果评价

序号	评价内容	评价标准	评价结果（是/否）
1	部署模型	能说出部署模型的步骤	
		能独立使用自己训练出来的模型进行图片测试	
3	模型评价	能判断模型的好坏	

五　拓展阅读

　　在实际部署模型阶段会有哪些困难？

　　案例一：某公司提出识别电梯控制柜内字符的项目需求。这个项目要求模型部署在一个边缘计算盒子中，盒子的体积很小，盒子中的操作系统是Linux系统。然而，工程师们在训练模型的时候是在Windows系统下训练的，训练好的模型在Windows下验证准确率可以达到99.7%以上，但是当把这个模型放到现场的边缘计算盒子中，其准确率大幅下降。

案例二：某公司提出检测汽车后备厢支撑杆上的划痕或磕伤的项目需求。当工程师将训练好的模型部署到客户现场之后，发现客户现场有很多粉尘。这些粉尘依附在汽车后备厢支撑杆上，在照片上呈现出来的样貌和划痕、磕伤差不多，给模型效果带来了巨大的影响，经常会出现误识别的情况。

工业人工智能项目，尤其是外观缺陷检测项目都是难题，项目在部署模型阶段出现的困难基本上都涉及模型优化、跨平台部署、模型加密等技术。以上两个案例都是在模型部署阶段出现过的实际问题，项目团队往往需要花费大量的精力来解决问题，才能将已经训练好的人工智能模型在平台上应用起来。

课后作业

职业能力编号：_____

班级：_____　　　　姓名：_____　　　　日期：_____

1. 生活中有哪些地方运用到深度学习呢？

----

2. 在现有的实验条件下，如何做才能提高模型的准确率？

模块 **4**

产品分类分拣

产品分类分拣是机器视觉的典型工业产品检测应用场景。与产品缺陷检测不同，产品分类分拣需要对多种缺陷进行分类而非对一种缺陷进行识别。准确的分类能使产品的重大缺陷不会遗漏，并且可以对不同种类的缺陷产品进行分拣操作，如剔除等。从企业生产的角度考虑，如果产生缺陷的产品出现在前工位段而没有及时被发现和分拣出来，就会流入后工位段产生材料浪费，增加企业成本。

本模块通过生产过程中的分类分拣典型任务，学习产品分类分拣系统的环境搭建、光源选型、数据采集和模型训练及部署，并进一步学习工业相机、镜头、GPU及边缘计算等相关知识。

▶ 模块学习目标

1. 能分析产品分类分拣的应用需求；
2. 能搭建产品分类分拣系统环境；
3. 能采集不同种类的产品图片；
4. 能标注不同种类的产品图片；
5. 能训练产品分类模型；
6. 能在本地部署工业产品分类模型。

任务 4-1 分析产品分类分拣需求并搭建系统环境

职业能力 4-1-1
能分析产品分类分拣的应用需求

一　核心概念

1　产品分类分拣

产品分类分拣是指将产品按照一定的规则或标准进行分类，并根据分类对产品进行分拣操作，分门别类地进行堆放作业。

对产品进行分类的规则或标准，可以依据不同的产品缺陷类型、不同的条形码或二维码、不同的产品等级分类标准、不同的产品颜色等。

常见的分拣操作包括剔除、推盘、机械臂吸取等，如图4-1-1所示。在某些场合，分拣也被称为分选。

图4-1-1　机械臂对不同颜色方块进行分拣操作（见彩图）

2　缺陷分类

缺陷分类是指将产品的不同缺陷类型作为对产品进行分类的规则或标准，利用机器视觉分类算法进行精准缺陷分类分级，并进行工艺关联和良率改善。

产品有缺陷或瑕疵并不意味着产品完全不能使用。根据质量分级要求，有的瑕疵零件可以直接使用，不影响后续工艺；有的瑕疵零件经过处理可以继续使用；有的瑕疵零件需要做报废处理。

此外，对缺陷进行分类也有助于了解每类缺陷的来源和出现的频率，从而进行工艺关联和良率改善。

3　有无判断（OK/NG）

在缺陷分类中，最为简单的场景称为有无判断。所谓有无判断，是指在产品生产过程中判断零部件及组件是否缺失，或检验产品组装的完整性。若零部件及组件无缺失或产品组装完整，则称为OK；若零部件及组件有缺失或产品组装不完整，则称为NG（no good），如图4-1-2所示。

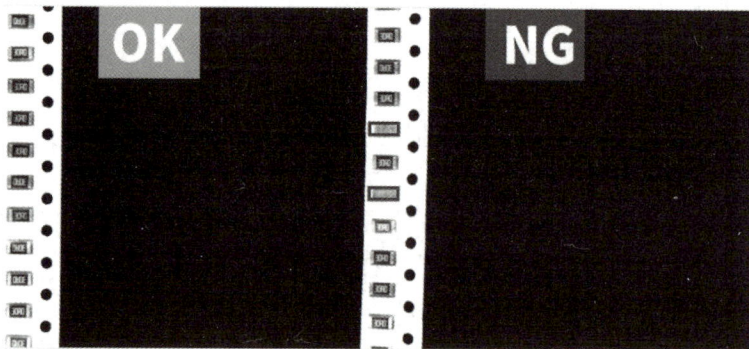

图4-1-2　某产品组装的有无判断

二　学习目标

- 说出产品分类分拣的概念。
- 说出缺陷分类、有无判断的概念。
- 能结合实例说明缺陷分类与缺陷检测的区别。
- 概述物料分拣／装托、物流分拣和农产品分选定级的概念。
- 能分析产品分类的需求。

三　基本知识

1　缺陷分类与缺陷检测有什么区别？

缺陷检测更注重缺陷的识别和定位，也就是需要了解当前被检测产品中缺陷的有无，有哪些具体的缺陷，以及这个缺陷在产品中的位置。

缺陷分类更注重对缺陷的识别和分类，以及当前被检测产品中缺陷的有无。

从企业生产的角度考虑，如果没有将具有缺陷的产品及时分拣出来，就会流入后续工位段，产生材料浪费、重新生产，进而增加企业成本。

例如，某类汽车的金属零部件在生产过程中经常会有划伤、磕伤、脏污等不同缺陷种类。如图 4-1-3 所示，该金属零部件中存在磕伤缺陷。缺陷检测是识别该金属零部件中存在磕伤缺陷，并定位该磕伤的具体位置；缺陷分类是识别该金属零部件存在磕伤缺陷后，将其分类为磕伤，并在后续操作中将其分拣到"磕伤"这个分级通道中。

又如，某类汽车的注塑零部件由注塑机生产而成，生产工艺复杂，由此造成的瑕疵分类多种多样，比较常见的缺陷类别有变形、毛边、缺损、凸起、色差、多料等。如图 4-1-4 所示，该注塑零部件存在划伤缺陷。缺陷检测是识别该注塑零部件中存在划伤缺陷，并定位该划伤的具体位置；缺陷分类是识别该注塑零部件存在划伤缺陷后，将其分类为划伤，并在后续操作中将其分拣到"划伤"这个分级通道中。

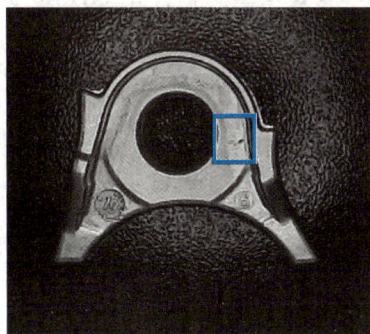

图 4-1-3　金属零部件磕伤

图 4-1-4　注塑零部件划伤

2　什么是物料分拣/装托?

物料分拣/装托是指根据生产工艺要求，利用机器视觉分类算法对物料分门别类地分拣或者装托的作业。装托也称为摆盘。

主轴承盖是汽车发动机的主要零部件之一。主轴承盖在生产时，工件种类多达15种，过去主要通过人工实现分拣和装托。为了提高生产效率，厂家希望使用自动化设备实现上述功能。

根据厂家要求，可以设计如图 4-1-5 所示的机器人设备。来料由传送带批量送至视觉识别区域，定位后，经过机器视觉系统来识别工件种类，理料机器人抓取正常工件并将其摆放整齐，异常工件（如图标识不清楚而无法识别的、工件有异物的、机器视觉无法识别的工件）进入NG通道。

如图 4-1-6 所示，某积木套装共有三种形状，每种形状的积木各有四种颜色。在生产过程中，需要将这些零件颗粒抓取后，汇总到一个包装中。为了提高生产效率，厂家希望使用自动化设备实现上述功能，并希望放置位置、数量严格满足要求。

图 4-1-5　机器人设备

图 4-1-6　某积木套装

根据厂家要求，可以设计如图 4-1-7 所示的智能抓取积木的机器人设备。零件颗粒由传送带批量送至视觉识别区域，定位后，机器人根据机器视觉系统信息抓取积木，按照控制系统中的程序设定精确摆放某形状、颜色的积木至指定位置。该设备保证了零件颗粒一次性放置到位，装盒过程数量、形状放置无误差。

3　什么是物流分拣?

物流分拣是指将物品的品种、出入库先后顺序等作为对物品进行分类的规则或标准，利用机器视觉分类算法对物品分门别类地堆放的作业。

在物流配送中，由于仓库的规模、订单数量和货物种类不同，分拣方式也有所不同。常见的分拣方法可以分为三类：人工分拣、半自动机械分拣和自动分拣。

近年来，电商的快速发展致使快递业务量剧增，手工分拣已无法满足快递企业对产能、时效和成本的要求，自动分拣成为现代分拣系统的发展趋势。

当不同品种、送达地等的商品进入自动分拣系统时，主控中心会通过扫码（图 4-1-8）、重量检测等自动识别、接收和处理分拣信号，从而决定商品该进入的分拣通道，再由分类

图 4-1-7　智能抓取积木的机器人设备

图 4-1-8　物流分拣设备通过机器视觉自动识别条形码

装置根据主控中心发出的分拣指示运输商品，进入传送带或输送机完成自动输送。

在上述过程中无须人力参与，却具有极高的效率和准确率，可大幅提高物流分类与派送速度。目前自动分拣系统已成为物流自动化的关键核心设备。

4　什么是农产品分选定级？

农产品在生产、加工方面表现出整体质量差异和质量不稳定的情况，不同地区、不同年份的产品质量差异更大。

为了实现更高利润销售，农产品加工厂需要将农产品按照瑕疵、缺陷程度、大小、颜色等分为不同的等级。分等级销售能使该产品的同类指标基本达到一致，并最大限度地提高经济效益，也让消费者可以根据自己的需求购买，同时便于运输和贮藏，降低损失。如果没有农产品质量方面的分选定级，农产品收购后好坏混放，就不能实现优质优价，不利于促进优质农产品的生产。

农产品分选定级是指根据农产品的分级标准，利用机器视觉分类算法，针对农产品进行表面形态的智能识别分析，根据识别出的特征进行等级划分。

以红枣为例，从果园采摘的枣果，大小混杂，品质参差不齐，通常需要对红枣进行分级，分级方法示例如图4-1-9所示。传统的红枣采摘后处理技术水平较低，分级处理主要依靠人工，如图4-1-10所示，劳动强度大、生产成本高、标准化程度低，导致产品档次难

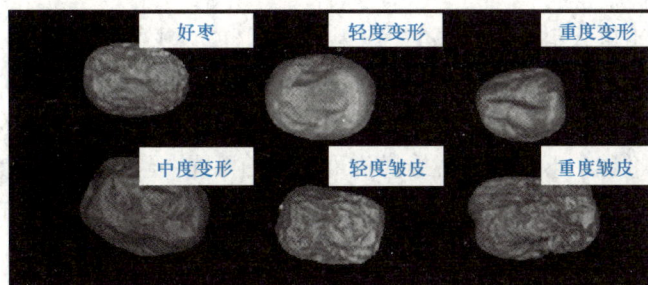

图4-1-9　红枣分级方法示例

图4-1-10　人工分选红枣

以提高，市场销售价格远低于其应有价值，损害了广大枣农和相关企业的利益，阻碍了红枣产业的发展。

如果使用标准化、自动化分级设备，可降低整个红枣产业中70%以上的劳动量，节约大量的人工，缩短枣果流通上市时间，保证枣果的新鲜度。同时，分级后枣果整体附加值可增加20%。

红枣快速无损检测自动分级机（图4-1-11）的工作原理如下。

图4-1-11　红枣快速无损检测自动分级机（分级通道）

（1）红枣由人工倒入料斗，红枣经稳定定位后，进入图像采集区。

（2）先进入背光源区域，提取枣果大小形状及轮廓特征。

（3）后进入正面光源图像采集区，正面光源图像采集区的辊轮下方安装有柔性搓动装置，使红枣在输送过程中不断旋转，摄像机可多次拍摄同一红枣的不同表面。

（4）将红枣的图像信息输送给计算机，经软件分析后，即可得到红枣表面大小、形状、颜色等信息，最后综合分析得到红枣外部综合品质等级。

（5）计算机控制气动式分级执行机构，当红枣运送至相应等级通道时，喷气嘴把红枣送入分级通道完成分级。

（四）能力训练

利用本节学过的内容，根据实际案例，分析空调遥控器的分类分拣的需求，并设计一套产品分类分拣的方案。

（一）操作条件

本操作需要使用具备常规功能的计算机。

（二）操作过程

操作步骤及对应的质量标准如表4-1-1所示。

表4-1-1　操作步骤及其质量标准

序号	步骤	质量标准
1	需求分析	可以简单说明空调遥控器分类分拣的需求
2	需求整理	可以根据客户需求，说明检测目标和缺陷类型
3	设计检测流程	可以复述检测流程
4	设计分拣设备	可以根据分拣设备设计图，正确说明分拣设备的工作流程
5	设计机器视觉检测设备	可以正确说明，当涉及多类不同的缺陷时，需要在不同的条件下分别进行打光

操作步骤详解如下。

▶ **步骤1**　需求分析

某空调厂家经常遇到售后投诉，经过市场调查，企业发现售后投诉最多的问题是空调遥控器外壳有瑕疵缺陷。

空调遥控器外壳的原有检测方式为人工对产品进行抽样检测。一方面，抽样检测不可避免地会造成未被抽样的瑕疵品流入市场；另一方面，由于人工检测会造成眼睛疲劳，会经常出现漏检的情况。此外，企业大批量产品检测需要招聘大量检测人员，给企业造成非常高的人工成本。

该厂家经研究后，决定对原有产品检测方式进行改进，引入机器视觉和人工智能技术，使用智能检测设备实现全检，达到降低企业用工成本、提升检测效率、保证检测结果的目的。

▶ **步骤2**　需求整理

根据企业提供的内容，整理企业的检测需求如下。

（1）检测空调遥控器外壳缺陷。

（2）缺陷类型包括遥控器外壳盖缺损（图4-1-12）、遥控器电池安装位注塑凸起（图4-1-13）。

图4-1-12　遥控器外壳盖缺损

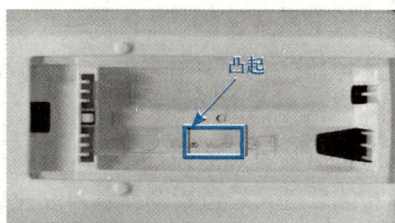

图4-1-13　遥控器电池安装位的注塑凸起

（3）进行最简单的缺陷有无判断（OK/NG），有缺陷则推入废料筐，无缺陷则返回流水线。

（4）检测时间在30s以内。

▶ **步骤3**　设计检测流程

根据企业需求，设计检测流程如下。

流水线上输送的待检测产品进入上料机构后，将产品抓取至检测台上进行检测；根据前序工位的检测结果，分拣机构对产品进行分拣，正常品放回至流水线，残次品推送至废料筐中，完成整个检测流程。

▶ 步骤4　设计分拣设备

根据检测需求和检测流程，设计分拣设备如图4-1-14所示。

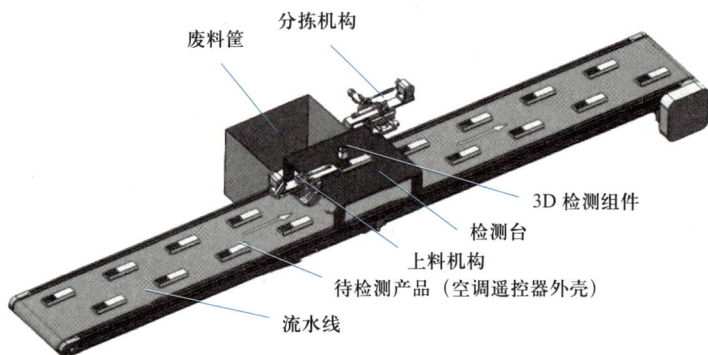

图4-1-14　分拣设备设计图

检测台架设在流水线上方，待检测产品进入上料机构后，将产品抓取至检测台，检测台对待检测产品进行检测；检测完成后，由分拣机构将前序工位的检测结果转换为NG/OK筛选执行动作，正常品放回至流水线，残次品推送至废料筐中。

▶ 步骤5　设计机器视觉检测设备

由于本项目涉及两类不同的缺陷，需要在不同的条件下分别进行打光。因此，机器视觉检测设备包括两个工位，分别实现遥控器电池安装位注塑凸起和外壳盖缺损的检测。两个工位使用不同的光源，结合全局快门的以太网接口CMOS工业相机，实现运动过程中的产品抓拍和检测处理。设备通过I/O模块与PLC（programmable logic controller，可编程逻辑控制器）系统通信，将检测结果转换为NG/OK筛选执行动作。

遥控器外壳盖缺损属于类平面缺陷，采用环形光源打光可以识别缺陷，获得清晰可见的照片；遥控器电池安装位注塑凸起属于曲面缺陷，采用条形光源打光并调整光照角度，可以获得清晰可见的照片。

检测软件可通过指令控制自动化设备实现自动化剔除和报警，并可保证30s检测一个遥控器。

■ 问题情境

问题1　衬套是指起衬垫作用的环套，通常用于机械部件外的配套件，以达到密封、磨损保护等作用，如图4-1-15所示。在阀门应用领域，衬套在阀盖之内，一般起到密封作用。

现了解到在生产过程中，某衬套零件因为多种原因导致衬套表面产生缺陷。衬套表面缺陷主要表现为表面划痕、表面磕碰、表面锈痕等，如表4-1-2所示。

表4-1-2　衬套表面缺陷示例

缺陷示例	缺陷类型
	表面划痕
	表面磕碰
	表面锈痕
	表面磕碰

图4-1-15　衬套

目前衬套表面缺陷的检测都是依靠现场工人通过眼睛观察，检测方式消耗人力，效率较低，不能有效对残次品分类分拣，企业无法以最好的方式回收残次品。针对这些问题，试想有更好的解决方式吗？

提示：采用机器视觉检测进行自动分类分拣。

问题2　现在很多工厂采用自动分拣系统，它的具体优势是什么呢？

提示：自动分拣系统的优势如下。

（1）能连续、高效地分拣货物：智能分拣系统不受气候、时间、人的体力等因素限制，可以24h连续运行。

（2）分拣误差率极低：自动分拣系统的分拣误差率主要取决于所输入分拣信息的准确性。

（3）分拣作业基本实现无人化：能最大限度地减少人员的使用，基本做到无人化。

（三）学习结果评价

请将学习结果评价填入表4-1-3中。

表4-1-3 学习结果评价

序号	评价内容	评价标准	评价结果（是/否）
1	产品分类分拣 缺陷分类、有无判断	能正确说出产品分类分拣、缺陷分类、有无判断的概念	
2	缺陷分类与缺陷检测的区别	就某个具体的案例，可以分辨哪些操作属于缺陷分类，哪些操作属于缺陷检测	
3	物料分拣、物流分拣和农产品分选定级	能判断什么场景是物料分拣、物流分拣和农产品分选定级	
4	产品分类的需求分析	能对产品分类的需求进行分析和整理，并设计检测流程和机器视觉检测设备	

五 拓展阅读

　　拆码垛是仓储物流常见的场景之一。拆码垛环节中来料多为纸箱、麻袋、周转箱等物体，场景差异大，品规丰富且新增频繁。除节拍、准确率等核心要素外，该场景对托盘利用率、货损率、运行稳定性、新增品规适应性等要求较高。

　　在产品配送过程中，经常需要将不同品类的成箱产品按照订单的要求齐套后进行混合配送。在配送过程中，需要对不同产品的成品垛进行拆解，选取订单要求的产品箱数，并且将不同产品的成品箱按照订单的配送要求重新码垛后输出。

　　由于产品种类多，从仓库出来的不同产品的成品垛状态、数量各异，包装箱的颜色也各不相同，如何高效有序地拆垛、提取成品箱，就成了一个难题。另外，同一订单需要对不同产品进行混合码放，不同产品的成品箱大小各异、尺寸不同，如何在一个垛盘上最大效率地利用空间、进行高效的混合码放，就成了又一个难题。

　　依托对应用场景的深刻理解及末端夹具设计的经验积累，多数国内厂家已实现纸箱、（无缝隙）料箱、麻袋、圆桶等多类型SKU（stock keeping unit，最小存货单位）抓取，覆盖单拆、排拆、层拆、混码等多种业务场景，广泛应用于物流、医药、电子、日化、化工等多个行业。

　　国产码垛机器人在实际操作和运用中充分考虑商家的需求，以精度高、安全稳定、快速敏捷而著称，并且能够有效减少工作时间，缩小占地面积，降低电能消耗，节能环保，同时使用触摸屏控制，简单易操作。具备多种优势且符合时下需求的国产码垛机器人将会在更广阔的领域里得到应用。

课后作业

职业能力编号：_____

班级：_____　　姓名：_____　　日期：_____

1. 图4-1-16～图4-1-18中，分别涉及哪类分类分拣的领域？哪张图片中没有使用自动分拣技术？

- -

- -

- -

- -

图4-1-16　分类分拣场景1

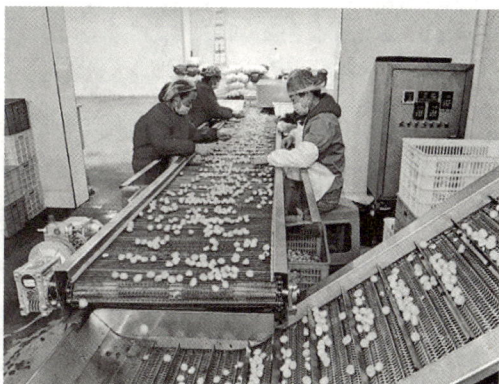

图4-1-17　分类分拣场景2

图4-1-18　分类分拣场景3

2. 某款分拣机器人可以进行高精度自动分拣。已知这款机器人的每个机械手臂可以每分钟分拣90件垃圾，效率是普通工人的9倍。该机器人可以24h连续工作；而工人每天只能工作8h。若连续24h工作，需要安排三班工人，如果生产线上每个机器人布置2个机械手臂的话，相当于可以替代多少个工人呢？

3．需求分析的目的是从客户那里获取信息，对其分析整理之后，形成投标书或者需求报告。当收到企业的咨询求助时，该怎么做好需求调研并分析企业的检测需求呢？请分组进行讨论。

提示：（1）客户访谈；

（2）客户场景分析；

（3）功能需求分析；

（4）编写需求报告说明书；

（5）客户停产情况。

职业能力 4-1-2
能搭建产品分类分拣系统环境

一　核心概念

1　产品分类分拣的环境

产品分类的环境一般指机器中的分类检测工位的光源环境、检测设备的相机配置及相关的机械结构。

产品分拣的环境一般指机器中的分拣执行工位的分级执行机构。

2　分级执行机构

分级执行机构是指在产品分拣中，根据前序检测工位的检测结果，将产品送入对应分级通道或目标位置的设备。分级执行机构主要有机械式和气动式两种。

二　学习目标

- 说出产品分类分拣的环境的概念。
- 能区分机械式分级执行机构和气动式分级执行机构。
- 能区分皮带传送带和滚轮传送带，了解NG/OK双筐收板机。
- 能区分串联机器人和并联机器人。
- 能设计基于机器视觉技术的产品分类分拣系统，并能说明系统构成和工作原理。
- 能搭建螺栓、螺母的产品分类环境。

三　基本知识

1　什么是机械式分级执行机构？

机械式分级执行机构是通过电磁执行器驱动连杆、凸轮、杠杆等机械结构，使分类后的产品落入目标位置。

该机构主要通过控制电磁铁的通断电，实现其行程的推进与复位，其控制方法非常简单。同时，该机构体积小便于安装与调试，当发生工作故障时便于调换，而且电磁铁的成本很低，机构的分级动作迅速敏捷，可以满足在线分级的要求。

2　什么是气动式分级执行机构?

气动式分级执行机构以气缸为动力源,利用压缩空气产生推力,将分类后的产品吹入目标位置。

该机构可以在不接触产品的情况下实现对其分级,其控制逻辑简单,只需要控制气阀的开闭即可控制气流的进出。但是气动式分级装置成本较高,需要配置相应的空气压缩机等设备,占地面积大,而且吹出气流的方向及气流大小的变动会导致分级精度波动。

3　什么是流水线传送带?

流水线传送带会按照一定的节拍或速度对工件进行自动化的定向搬运,是在工厂流水线中常用的机械传送装置,也是产品分类分拣中常用的搬运装置。

常用的流水线传送带有皮带传送带和滚轮传送带两种类型,分别如图4-1-19(a)、(b)所示。

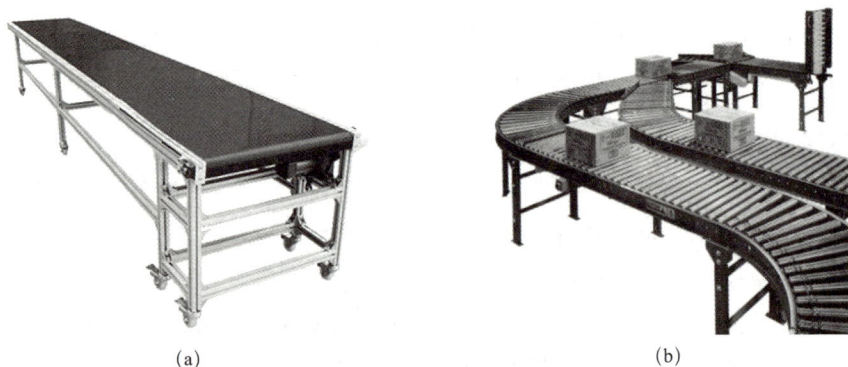

(a)

(b)

图4-1-19　皮带传送带和滚轮传送带

4　什么是NG/OK双筐收板机?

NG/OK双筐收板机是一类电子工厂中常用的独立的机械式分拣设备,主要用于各种检测设备的末端。当上游检测设备给出产品NG/OK信号后,收板机使用皮带传送带将产品分别送至对应的料筐内,实现自动化联机按节拍收板,达到节省人力的目的。

图4-1-20和图4-1-21分别为NG/OK双筐收板机的实物图和工作原理图。

5　什么是吸盘分拣机器人?

吸盘分拣机器人是一类工厂中常用的气动式分拣设备。吸盘分拣机器人的功能主要是让机械手通过真空吸盘吸附工

图4-1-20　NG/OK双筐收板机

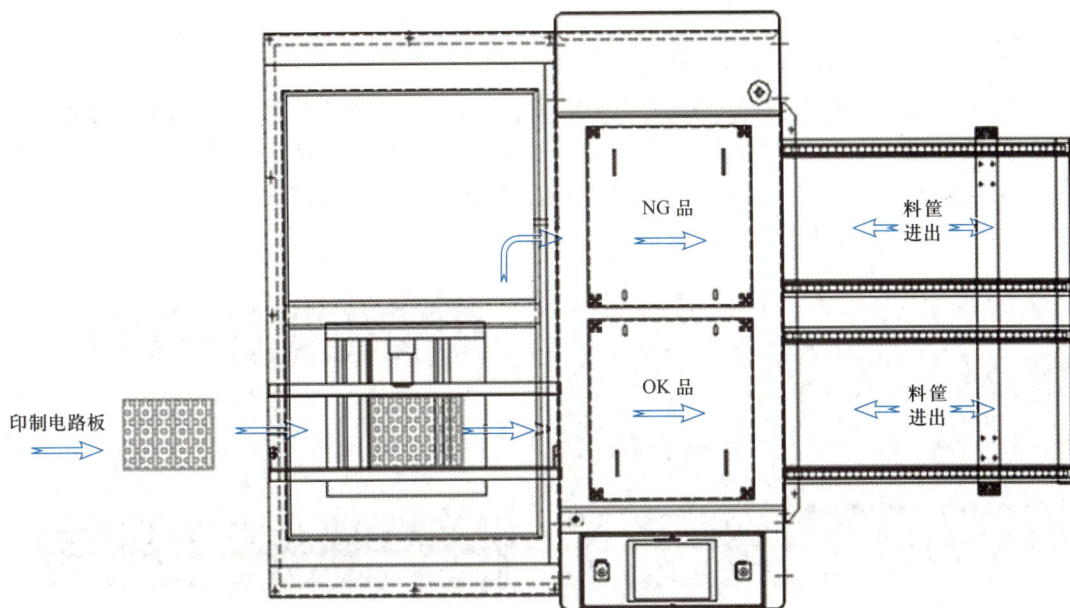

图 4-1-21 NG/OK 双筐收板机的工作原理图

件，将工件搬运到指定位置。比较常见的吸盘分拣机器人有串联机器人和并联机器人两种类型。

串联机器人是一种开式运动链机器人，由一系列连杆通过转动关节或移动关节串联形成，主要应用于各种机床、装配车间等。串联机器人通常安装在分拣工位的侧边，也称为侧装机器人，如图 4-1-22 所示。

并联机器人指通过至少两个独立的运动链相连接，以并联方式驱动的一种闭环的机器人，主要用于生产线中的高速分拣和包装环节。并联机器人通常安装在分拣工位的上方，因其形似蜘蛛，也称为蜘蛛机器人，如图 4-1-23 所示。

图 4-1-22 串联机器人

图 4-1-23 并联机器人

6 产品分类分拣系统的构成和工作原理是什么?

以实际生产为例,某电子排线生产厂家在生产过程中需要通过缺陷的有无判断对产品进行分类,将残次品及时分拣出来,不再流入后续工位段。电子排线的缺陷示例如图4-1-24所示。由于产品缺陷分类多,人工检测效率低,厂家希望可以设计一种自动化的方案来满足产品分类分拣的需求。

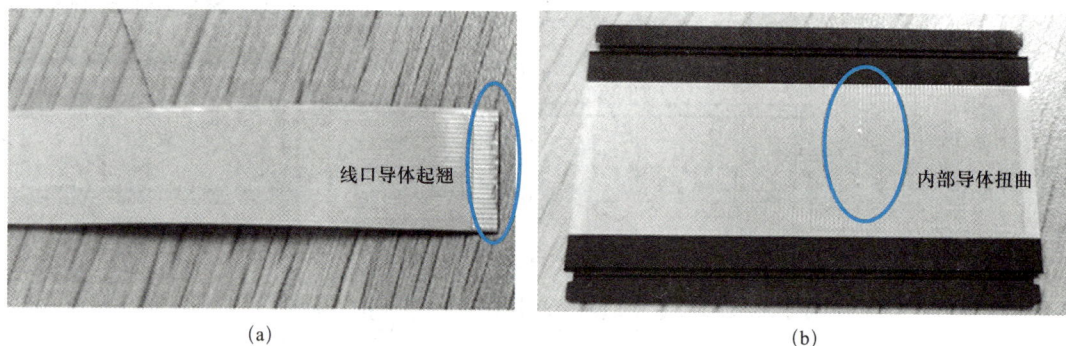

(a)　　　　　　　　　　　　　　　　　　(b)

图4-1-24　电子排线的缺陷示例

针对电子排线生产厂家的需求,组成项目小组,设计基于机器视觉技术的产品分类分拣系统,如图4-1-25所示,实现了产品检测识别分类、流水线吸盘分拣。

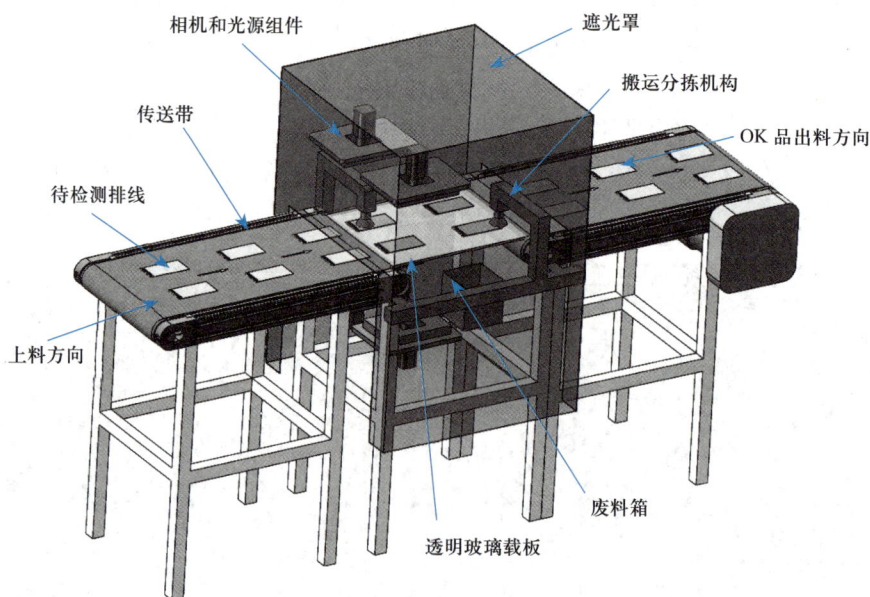

图4-1-25　基于机器视觉技术的产品分类分拣系统

整个系统包括产品分类和产品分拣的系统环境。产品分类的系统环境包括相机和光源组件、相机支架、遮光罩、深度学习图形化工具"小信"软件等。产品分拣的系统环境包括传送带、搬运分拣机构、废料箱等。此外，系统还包括工控机和PLC等设备。不同的生产工艺对于流水线的设置是不同的，此项目采用常规的传送带来传送待检测物。

这套系统的工作原理如下。

（1）来料方向从左至右，待检测物经过上一道生产流程后，自动流转到该分类分拣系统上。

（2）传送带将被检测产品传送至遮光罩内的透明玻璃载板后停止。

（3）工业相机从流水线上方和下方同时拍摄产品的表面缺陷（相机个数及光源需要根据产品实际尺寸调节）。

（4）当判定结果为残次品时，搬运分拣机构将产品吸起放置在废料箱中；当判定结果为正常（OK品）时，搬运分拣机构将产品吸起放置在传送带上进入下一个操作工位。

（四）能力训练

某工厂的生产线上有螺栓和螺母两种工件，如图4-1-26所示，过去主要通过人工实现分拣和摆放。为了提高生产效率，厂家希望使用自动化设备实现上述功能。

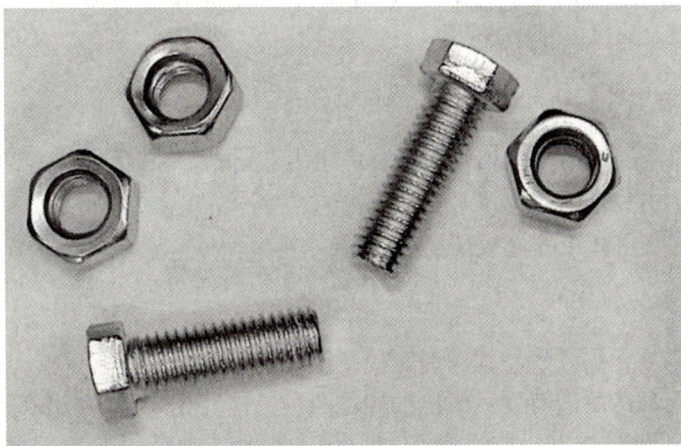

图 4-1-26　螺栓和螺母

现在来设计一套基于机器视觉技术的来料分拣系统。考虑分类检测工位的光源环境、检测设备的相机配置，对传送带传送来的螺栓和螺母进行拍照和识别。

（一）操作条件

本操作需要使用光学实验架、光源、光源控制器、工业镜头、工业相机、数据线、计算机和数据采集软件。

（二）操作过程

操作步骤及对应的质量标准如表4-1-4所示。

表4-1-4　操作步骤及其质量标准

序号	步骤	质量标准
1	部署光学实验架	可以将光学实验架安装稳定
2	部署工业相机和镜头	保证工业相机和镜头不晃动、不移位
3	光源选型分析	可以根据被检测对象的实际情况进行光源选型
4	使用面光源作为背光进行照明和拍照	可以由光源控制器控制面光源的开关、明暗；可以正确部署面光源，使产品缺陷成像清晰
5	使用开口面光源进行照明和拍照	可以由光源控制器控制开口面光源的开关、明暗；可以正确部署开口面光源，使产品缺陷成像清晰
6	使用其他光源进行照明和拍照	可以由光源控制器控制其他光源的开关、明暗；可以正确部署其他光源，使产品缺陷成像清晰
7	整理归位	将使用的设备放至原处，并清理桌面

操作步骤详解如下。

▶ 步骤1　部署光学实验架

按照职业能力1-2-1所学习的内容搭建光学实验架，注意镜头离被测物的距离为400mm左右。

▶ 步骤2　部署工业相机和镜头

选择500万像素的黑白工业相机，以及焦距为12mm、500万像素的变焦镜头，将相机和镜头组合起来，并固定在光学实验架上。连接好相机的电源线和网线，打开计算机上的MV Viewer软件，查看相机的连接情况。

▶ 步骤3　光源选型分析

检测需求：需要根据外形轮廓，对螺栓、螺母进行分类。

了解被检测对象的材质特性：螺栓和螺母两种工件反光严重，但本身不透光。

光源选择：在职业能力1-2-2中学习过，面光源是一种平面光源，通常用于外形轮廓检测，因此考虑使用面光源作为照明光源。

使用面光源时，可以考虑将面光源作为背光、开口面光源进行照明两种情况。

▶ 步骤4　使用面光源作为背光进行照明和拍照

选取光源颜色为绿色、发光面积适当大于被测物体的面光源作为背光，由于工件本身不透光，会产生投影，形成的明暗高对比度的轮廓可方便稳定地检测。

面光源作为背光源使用时，推荐使用单色光源。因为单色光源的波长比较"纯净"，有利于提高检测精度。例如，在尺寸测量中，常用绿色面光源作为背光。

如图4-1-27所示，将绿色面光源当背光使用，将获得更

图4-1-27　将绿色面光源当背光使用的图像效果

清晰的被测物体轮廓。

将光源和控制器连接好，放置在光学实验架上，在 MV Viewer 软件中观察图像，调整光源的亮度、光源的高度、镜头的焦距，使图像变得清晰。检测环境如图4-1-28所示。

单击 MV Viewer 软件中的"拍照"按钮，拍摄图像并保存到文件夹中。

▶ 步骤5　使用开口面光源进行照明和拍照

选取颜色为白色且发光面积适当大于被测物体的开口面光源，提供漫反射照明，给被测物补光，获得均匀、清晰的被测物体照片。

将绿色面光源取下，替换成白色开口面光源。开口面光源的安装位置如图4-1-29所示，由于与背光源的安装位置不同，需要对光学实验架的高度进行调整，保持在400mm。开口面光源的发光面积要适当大于视野，以获得整个视野内的均匀照明。

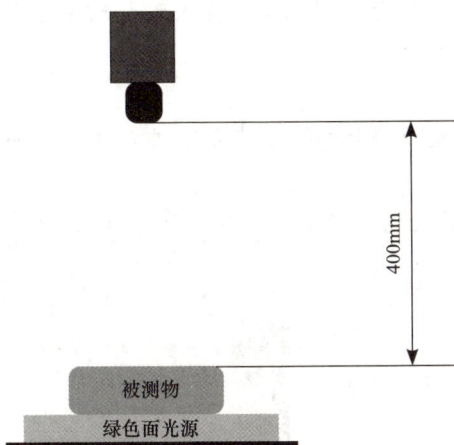

图4-1-28　绿色面光源当背光的检测环境

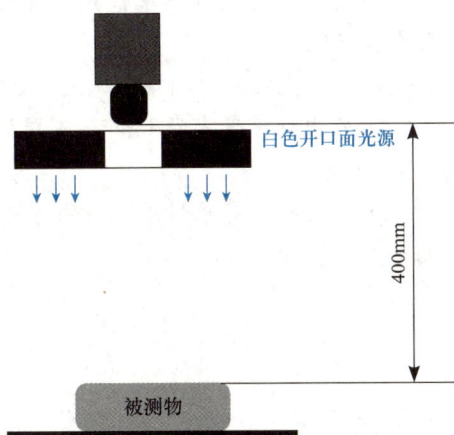

图4-1-29　白色开口面光源检测环境

将光源和控制器连接好，放置在光学实验架上，在 MV Viewer 软件中观察图像，调整光源的亮度、光源的高度、镜头的焦距，使图像变得清晰。

单击 MV Viewer 软件中的"拍照"按钮，拍摄图像并保存到文件夹中。拍摄图像如图4-1-30所示。

图4-1-30　拍摄图像示例

▶ 步骤6　使用其他光源进行照明和拍照

选择其他的光源，并自行调整光源的高度、亮度和位置，找到合适的光源种类，使样品能清晰成像。例如，将步骤4中的绿色面光源更换为红色面光源，观察两者拍照效果的差异；将步骤5中的面光源更换为环形光源或同轴光源，观察它们的拍摄效果的差异。

参考步骤4和步骤5中的图示，将检测环境画下来。

注意，在选择光源的时候，可以考虑组合不同种类的光源，观察它们组合起来的光照效果。

▶ **步骤7** 整理归位

将所有设备取下，放入各自对应的存放位置，整理实验桌面。

问题情境

问题1 在采用机器视觉对工业产品进行检测时，经常会遇到反光的物品，如金属、铝箔表面、反光膜片、其他表面光滑的物品等。在职业能力3-1-2中，可注意到实木地板的反光问题。一旦在实验过程中出现反光现象，就会影响被测物的特征提取，这时首先应考虑改善所使用的光源。那么，在进行反光物体检测时，光源选型有什么技巧吗？

提示：反光物体检测的光源选型技巧如下。

（1）采用低角度光源照明，使得被测物体表面的大部分反光都不进入相机，如图4-1-31所示。

（2）采用漫反射无影光源照明，补偿物体表面的角度变化，获得更均匀的图像，如图4-1-32所示。

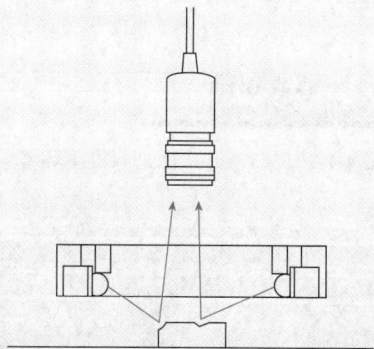

图4-1-31 采用低角度光源照明示意图

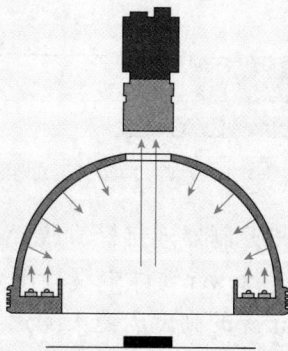

图4-1-32 采用漫反射无影光源照明示意图

（3）采用背光源照明，表面反光不进入镜头，仅保留物体轮廓信息，如图4-1-33所示。

（4）采用同轴光源照明，使物体表面反射光和相机在同一轴线上，有效地消除图像重影。这种方法非常适合镜面光滑表面的检测，其示意图如图4-1-34所示。

（5）相机镜头位置与光源成一定角度，使发生反射的光射向其他地方。

问题2 在对螺栓、螺母拍照时，照片要满足什么要求才有利于后续的模型训练？

提示：在拍照时，有以下两点要求。

（1）图片清晰：图片清晰是最重要的，这要求合理调节相机的焦距。

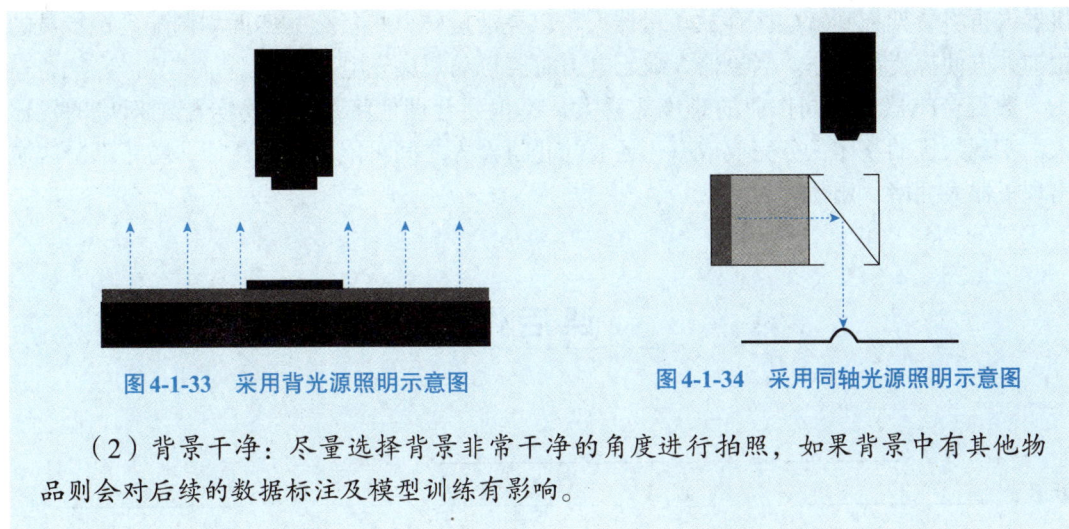

图4-1-33 采用背光源照明示意图　　图4-1-34 采用同轴光源照明示意图

（2）背景干净：尽量选择背景非常干净的角度进行拍照，如果背景中有其他物品则会对后续的数据标注及模型训练有影响。

（三）学习结果评价

请将学习结果评价填入表4-1-5中。

表4-1-5 学习结果评价

序号	评价内容	评价标准	评价结果（是/否）
1	产品分类分拣环境	能说出产品分类分拣的环境的概念	
2	分级执行机构	在实际工作中能识别机械式分级执行机构和气动式分级执行机构	
3	传送带及NG/OK双筐收板机	在实际工作中能识别皮带传送带、滚轮传送带、NG/OK双筐收板机	
4	串联机器人和并联机器人	在实际工作中能识别串联机器人和并联机器人	
5	产品分类分拣系统设计	能简单设计产品分类分拣系统，并说明系统构成和工作原理	
6	螺栓、螺母的产品分类环境搭建	能够独立搭建两种不同的拍摄环境，使螺栓、螺母清晰成像	

五 拓展阅读

随着中国快递业的飞速发展，中国率先建立起了全球最大规模的机器人仓群，并投入实际业务运营当中。

在机器人仓库中，可以看到数百台AGV（automated guided vehicle，自动导引运输车）移动机器人从容有序地工作着。它们既能相互协作执行同一个订单拣货任务，又能独自执行不同的拣货任务，它们代表着物流仓储的较高水平。

机器人接到调度指令后，会自行到存放相应商品的货架下将货架顶起，每一台机器人能顶起的重量可达500kg。随后，机器人将货架拉到拣货员跟前，拣货员完成拣货之后，机器人再将货架拖到货架区存放。机器人可以灵活旋转,将货架的四面均调配到拣货员的跟前,方便拣货员工作。当机器人缺乏电力时会自动归巢充电。

数百台机器人协同作业的难度非常大,不仅要合理地将每个任务分配给对应的机器人,实现最优的整体任务完成效率,还要防止机器人之间可能发生的碰撞,防止部分区域出现机器人拥堵、死锁等现象。

🔷 课后作业

职业能力编号:＿＿＿＿＿＿＿＿＿＿＿＿＿＿＿＿＿

班级:＿＿＿＿＿＿＿　　　　姓名:＿＿＿＿＿＿＿　　　　日期:＿＿＿＿＿＿＿

1. 运用所学知识,分析图4-1-35中系统的构成和工作原理。

- -

- -

- -

- -

2. 某工厂现有一条巧克力生产线,需要对巧克力进行批量化自动装盒。已知生产线来料为三种不同形状和颜色的巧克力,要求将其分五列摆放在托盘中,其中同种形状、同种颜色的为一列。根据厂家要求,设计了如图4-1-36所示的分类分拣设备:巧克力由传送带批量送至视觉区域识别、定位,机器人根据视觉系统信息抓取巧克力,按照控制系统中所编程的信息精确地放置在托盘对应位置。

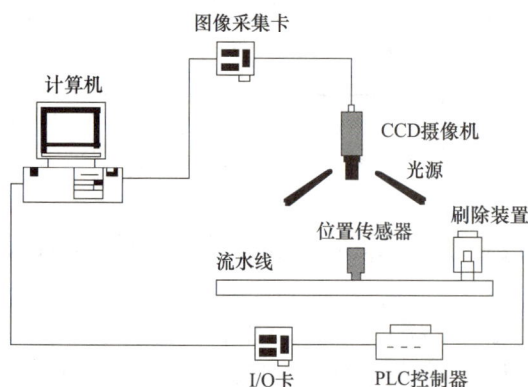

图4-1-35　某种产品分类分拣系统

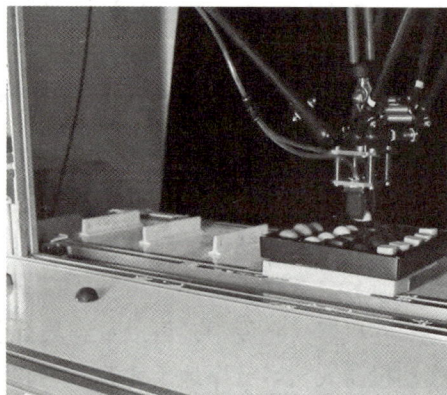

图4-1-36　设计的分类分拣设备

（1）请判断所使用的传送带是皮带传送带还是滚轮传送带。

（2）请判断所使用的机器人是并联机器人还是串联机器人。

（3）请画出该分类分拣设备的示意图，并说明系统的构成和工作原理。

任务 4-2　采集和标注不同种类的产品图片

职业能力 4-2-1
能采集不同种类的产品图片

一　核心概念

1　产品样本图片

为了利用机器视觉来进行工业产品的分类分拣，首先需要采集一定数量的工业产品的图片，每类工业产品的图片数量都要达到一定的规模。为了进行深度学习的训练，还要求图片具有一定的清晰度。

可以用于深度学习训练的清晰图片就是产品样本图片。

2　产品样本数据集

采集到的一定数量的产品样本图片的集合就是产品样本数据集。

二　学习目标

• 说出产品样本图片、产品样本数据集、工业相机、镜头的概念。
• 能对工业相机进行分类，知道面阵相机、线阵相机、CCD 相机、CMOS 相机、黑白相机、彩色相机的特点。
• 知道工业相机的常见参数。
• 能采集螺栓、螺母的产品图片。

三　基本知识

在数字图像采集系统中，工业相机和镜头不仅决定整个采集系统的采集效果，而且与整个数字图像采集系统的运行模式直接相关，选择合适的工业相机和镜头对于数字图像采集系统尤为重要。

1 什么是工业相机?

工业相机是机器视觉系统中非常重要的组件,其最核心的功能就是将光信号经过模数转换器转换成数字信号,然后传递给图像处理器,进而得到图像。工业相机示例如图4-2-1所示。

选择适合系统的相机是光学系统设计中的重要部分,相机的选择将直接影响所采集的原始图像的分辨率大小、识别特征精度等。

2 什么是面阵相机和线阵相机?

根据像元的排列方式的不同,工业相机可以分为面阵相机和线阵相机,分别如图4-2-2(a)、(b)所示。

图4-2-1　工业相机示例

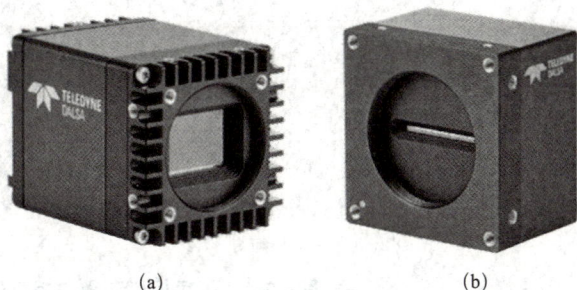

(a)　　　　　　　　　　　(b)

图4-2-2　面阵相机和线阵相机

面阵相机是以"面"为单位来进行图像采集的,面阵相机的传感器拥有更多的感光像素,以矩阵排列。面阵相机可以一次性获取完整的目标图像,比线阵相机具有更快的检测速度。

线阵相机,在前文已有提及,顾名思义,是被测视野呈线状的相机。它的传感器通常只有一行感光元素,以"线"扫描的方式连续拍照,再合成一张巨大的二维图像。

3 什么是CCD相机和CMOS相机?

根据图像传感器类型的不同,工业相机可以分为CCD相机和CMOS相机。二者的光电转换的方式有所差异,但本质的工作原理没有任何区别。近年来,CMOS相机以其优异的集成性、功耗较低和传输速度较快的特性在高速高分辨率的场合得到广泛应用。目前,在工业相机市场,CCD相机和CMOS相机共存,各自都有其应用环境。

4 什么是黑白相机和彩色相机?

根据输出颜色的不同,工业相机可以分为黑白相机和彩色相机。

无论是 CCD 图像传感器还是 CMOS 图像传感器,其原理都是将光子转换为电子,其中光子数目与电子数目成一定的比例。统计每个像素的电子数目,就形成反映光线强弱的灰度图像,也就是说 CCD 图像传感器和 CMOS 图像传感器是"色盲",不具备辨色的能力,只能形成黑白图像,这就是黑白相机。

为了获得彩色图像,通常使用三棱镜或滤光片的方法采集颜色信息,这会造成彩色相机在光通量和细节上的表现均弱于黑白相机。

在拥有相同分辨率的前提下,黑白相机的精度更高。所以,如果不需要颜色作为检验需求时,一般选择黑白相机。

彩色相机和黑白相机的成像细节举例如图 4-2-3 所示。

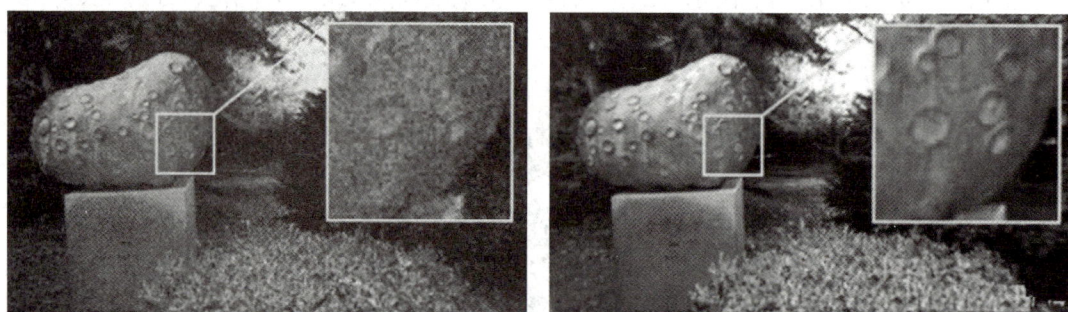

(a) 彩色相机成像细节　　　　　　　　　　　(b) 黑白相机成像细节

图 4-2-3　彩色相机和黑白相机的成像细节(见彩图)

5　工业相机有哪些常见的参数?

快门:快门是指用来控制光线照射感光芯片时间的装置。快门分为全局快门和滚动快门两种。CMOS 芯片提供全局快门和滚动快门两种选择,而 CCD 芯片只有全局快门。

分辨率:相机规格表上的"2048×1088"是指每条水平行拥有 2048 像素,每条垂直行拥有 1088 像素,将两个数字相乘就是相机的分辨率,即 2228224 像素,或者称为 220 万像素。

帧率:帧率是指相机在每秒的时间内可以拍摄和传输的图像的数量。帧率越高,相机每秒就能够拍摄越多的图像,也就需要传输越多的数据量,因此还需要匹配相机所使用的接口。

接口:接口是指相机与计算机之间的数据传输方式,主要有 USB 2.0、USB 3.0、1394A、1394B、GigE、Camera Link 等。通常选择 GigE 接口和 USB 3.0 接口,它们具有即插即用的特性,成本和可靠性也好。Camera Link 是一类通用的高性能接口,是高速相机的首选接口,但是需要配套图像采集卡来使用,系统的总成本较高。

6　什么是镜头？

镜头的主要作用是将目标成像在图像传感器的光敏面上。数据系统所处理的所有图像信息均需要通过镜头得到，镜头的质量直接影响机器视觉系统的整体性能。

工业相机的镜头由多个透镜、可变（亮度）光圈和对焦光圈组成，如图4-2-4所示。在使用时由操作者观察相机显示屏来调整可变光圈和对焦光圈，以确保图像的明亮程度及清晰度（有些镜头有固定调节系统）。

镜头的参数多、知识点庞杂，本书不做详细的介绍。

对焦光圈

可变光圈

图 4-2-4　镜头的对焦光圈和可变光圈

（四）能力训练

完成螺栓、螺母图像的采集，并按类别整理好拍摄的图像，分成训练集和测试集。

（一）操作条件

本操作需要使用光学实验架、光源、光源控制器、工业镜头、工业相机、数据线、计算机和数据采集软件。

（二）操作过程

操作步骤及对应的质量标准如表4-2-1所示。

表 4-2-1　操作步骤及其质量标准

序号	步骤	质量标准
1	部署相机、镜头和光源	可以将光学实验架安装稳定，保证工业相机和镜头不晃动、不移位；光源可以由光源控制器控制开关、明暗
2	拍摄图像	可以拍摄出清晰的图像
3	换一套光源	光源可以由光源控制器控制开关、明暗
4	再次拍摄图像	可以拍摄出清晰的图像
5	整理拍摄好的图像	能够将拍摄好的图像放在指定的文件夹中
6	整理归位	将使用的设备放至原来的地方，并清理桌面

操作步骤详解如下。

▶ **步骤1**　部署相机、镜头和光源

按照图4-1-28所示的光源和相机的类型、摆放位置，将光学环境搭建好。选择绿色面光源和500万像素的黑白工业相机，以及焦距为12mm、500万像素的变焦镜头。

▶ **步骤2**　拍摄图像

调整好光源和相机后，利用MV Viewer软件进行拍摄。

在MV Viewer软件中观察图像，调整光源的亮度、光源的高度、镜头的焦距，使图像变得清晰。

单击MV Viewer软件中的"拍照"按钮，拍摄图像并保存到文件夹中。

每张图片中的螺栓、螺母的数量可以只有一个，也可以有多个，但是不要交叠在一起。可以改变角度进行多次拍摄，以获得较多的产品图片。

在此光学条件下，获取不少于30张的产品图片。

▶ **步骤3** 换一套光源

将绿色面光源取下，安装开口面光源（或者使用职业能力4-1-2中自己设计的其他光源系统），重新调节好相机和光源。光学环境如图4-1-29所示。

▶ **步骤4** 再次拍摄图像

再次利用MV Viewer软件进行拍摄。

同样，每张图片中的螺栓、螺母的数量可以只有一个，也可以有多个，但是不要交叠在一起。可以改变角度进行多次拍摄。

在此光学条件下，获取不少于30张的产品图片。

▶ **步骤5** 整理拍摄好的图像

新建一个文件夹，命名为"螺栓螺母分类实验"，在这个文件夹内新建"训练集"和"测试集"两个文件夹。

将所有产品图片的80%，也就是48张图片放到"训练集"文件夹里面，将剩下的12张照片放到"测试集"文件夹里面。

▶ **步骤6** 整理归位

将所有设备取下，放回原处，整理实验桌面。

⚙ **问题情境**

问题1 在实际生产环境中，如果产品或工件交叠在一起，影响拍摄该怎么办呢？

提示：产品或工件交叠在一起，称为叠层。叠层会影响图片的采集过程。通常在来料流水线上加刮板来防止叠层。

问题2 为什么要使用工业相机？工业相机的价格少则几千元，多则十几万元，它和普通相机有什么区别？

提示：工业相机和普通相机主要有以下几点区别。

（1）工业相机的结构紧凑，防损性能强于普通相机，工作时稳定可靠且便于固定，能够长期连续工作，可适用于大多数的工作环境。

（2）工业相机的快门范围较宽，可以清晰地抓拍到高速运动过程中的物体细节特征。

（3）工业相机的拍摄帧率高。工业相机的帧率一般可以达到 2×10^4 帧/s以上，而普通相机在几帧连拍时，1080像素摄像仅为60帧/s，与工业相机相差较大。

（4）工业相机的数据输出质量高。工业相机的数据输出为裸数据，而普通相机的数据输出为有损压缩，图像质量较差，不适合进行高精度的图像处理算法。

（5）工业相机的光谱响应范围比较宽，可以根据被测物的发光波长来选择，而普通相机的光谱范围只适用于人眼视觉，选择范围较窄。

（三）学习结果评价

请将学习结果评价填入表4-2-2中。

表4-2-2　学习结果评价

序号	评价内容	评价标准	评价结果（是/否）
1	产品样本图片和产品样本数据集	能说出产品样本图片和产品样本数据集的概念	
2	工业相机	能说出工业相机的概念及分类标准，能区分面阵相机和线阵相机，能说出CCD相机和CMOS相机的差异，能说出黑白相机和彩色相机的精度差异	
3	工业相机的常见参数	能说出快门、分辨率、帧率、接口的概念	
4	镜头	在实际操作中，能区分对焦光圈和可变光圈	
5	螺栓、螺母图片采集	可以正确搭建两种不同的面光源环境，能够采集60张合格的产品样本图片	

五　拓展阅读

工业镜头通常有以下九大参数。

1　工作距离（working distance，WD）

工作距离指的是镜头的最下端到景物之间的距离。

2　视场（field of view，FOV）

视场指的是镜头能看到的最大范围，也就是镜头所能覆盖的有效工作区域，也叫视野范围。

3　景深（depth of view，DOF）

景深与视场相似，不同的是，景深指的是纵深的范围，视场指的是横向的范围。

4　焦距

焦距就是镜头到成像面的距离，单位是毫米。成像面是入射光通过镜头后所成像的平面。镜头常常使用焦距来进行分类，如8mm镜头、50mm镜头、75mm镜头等。

5　视角

视角是视线的角度，也就是镜头能看多"宽"，包括水平视角和垂直视角，如图4-2-5所示。

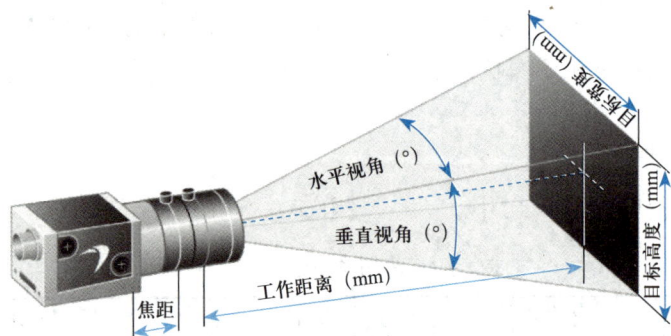

图 4-2-5　镜头的水平视角和垂直视角

6　分辨率

分辨率是图像系统可以检测到的受检验物体上的最小可分辨特征的尺寸。在多数情况下，视野越小，分辨率越好。

7　光圈

光圈是用来控制光线透过镜头进入机身内感光面光量的装置，在拍摄高速运动物体时，由于曝光时间短，需要使用大光圈。

8　镜头畸变

镜头在成像时，特别是用短焦距镜头拍摄大视场时图像会产生形变，这种情况叫作镜头畸变。畸变来自镜头的光学结构和成像特性，是由于视野中局部放大倍数不一致而造成的图像扭曲。

拍摄的视场越大，所用的镜头的焦距越短，畸变的程度就越明显。镜头畸变一般有桶形畸变和枕形畸变两种，可以通过图像标定减弱这种平面畸变的影响。

9　最大兼容CCD尺寸

所有镜头都只能在一定的范围内清晰成像，最大兼容CCD尺寸是指镜头能支持的最大清晰成像的范围。在实际选择相机和镜头时，所选择的镜头的最大兼容CCD尺寸要大于或等于相机芯片的尺寸。

以上是镜头常见的一些参数，这些参数之间都是相互关联的。例如，焦距越小，视角越大；最小工作距离越短，视场越大。对于普通镜头来说，选择的原则是：工作距离越近越好，镜头的畸变越小越好，视场越大越好。

课后作业

职业能力编号：＿＿＿＿＿＿＿＿＿＿＿＿＿＿＿＿＿＿＿

班级：＿＿＿＿＿＿＿＿＿　　　姓名：＿＿＿＿＿＿＿＿＿　　　日期：＿＿＿＿＿＿＿＿＿

1. 图4-2-6所示的工业相机为（　　　）。

图4-2-6　某种工业相机

A．面阵相机　　　　B．线阵相机　　　　C．黑白相机　　　　D．彩色相机

2. 小信同学在一个工业相机规格表上看到相机的分辨率为"2560×1920"。请问：这个相机的分辨率是多少万像素呢？

提示： 分辨率为"2560×1920"，是指每条水平行拥有2560像素，每条垂直行拥有1920像素，将两个数字相乘就是相机的分辨率，即4915200像素，即500万像素。

职业能力 4-2-2
能标注不同种类的产品图片

一　核心概念

1　数据标注的质量标准

数据标注的质量标准是指在数据生产和检验过程中，判定其质量是否合格的根据，也就是标注的准确性。

2　图片标注的质量标准

计算机认识图片是以像素为基本单位的，深度学习的模型训练中也是以像素为基本单位的。因此，标注框的像素点越接近被标注目标的边缘像素，标注的质量就越高，标注的难度也越大，单个标注框的报价也就越高。

实际上，不同客户对数据的验收标准不同，因此每个任务中的图片标注的质量标准都不同，一般需要在试标与任务报价阶段与客户商定，如可以规定标注框的像素点与被标注目标的边缘像素点的偏差不超过 5 像素为正确的标注。

二　学习目标

- 说出图片标注的质量标准和常见的标注错误。
- 说出图片标注的质量管理方法。
- 说出检测框标注准确率、标签标注准确率、文本转写准确率的概念。
- 能标注不同种类的产品图片。
- 能对数据标注的结果进行自查、交叉检查和审查，会计算检测框标注准确率和标签标注准确率。

三　基本知识

1　数据标注中，常见的标注错误有哪些？

在数据标注过程中，可能会出现一些错误。只有了解到可能出现的错误，才能避免这些错误，创建出质量更高的数据集。

高质量的数据，对于构建高性能的模型至关重要。正确的数据往往只有一种，但错误的数据却可以有很多种。

以下以标注螺栓和螺母为例，说明常见的标注错误。

（1）标注框不贴合：标注框没有贴合到被标注目标的边缘像素，留下了不必要的间隙，如图4-2-7所示。

（2）缺少标签：没有在其中一个被标注目标周围绘制标注框并赋予对应的数据标签，如图4-2-8所示。

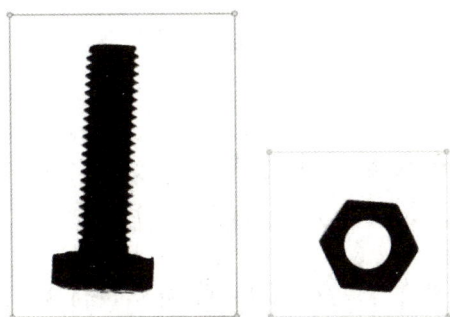

图 4-2-7   标注框不贴合   图 4-2-8   缺少标签

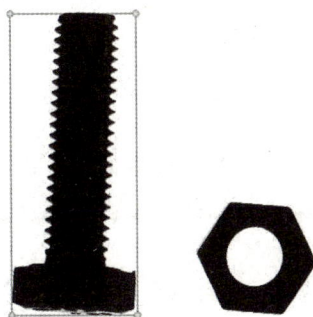

（3）标签错误：错误地匹配了被标注目标的标注框和数据标签。例如，将螺栓的标注框错误地赋予"螺母"的数据标签，或者将螺母的标注框错误地赋予"螺栓"的数据标签。

（4）指令误解：标注员没有正确理解标注的规范文档。例如，要求给每一个螺母单独绘制标注框，但是标注员给所有的螺母集中绘制了一个标注框，如图4-2-9所示。

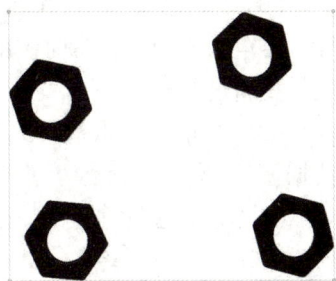

（5）认知偏差：当数据需要特定知识或需要阅读上下文以进行准确标注时，可能会在标注过程中出现认知偏差。例如，需要对螺栓进行细分标注，以区分不同品种的螺栓，但是标注员错误地将自攻螺栓标注为膨胀螺栓。

图 4-2-9   指令误解

2   什么是检测框标注准确率？

检测框标注准确率指在规定的质量标准下的标注框的准确率，其计算公式为

检测框标注准确率＝正确的检测框数÷检测框总数×100%

例如，可以规定标注框的像素点与被标注目标的边缘像素点的偏差不超过5像素为正确的标注，如果100个检测框中有95个检测框满足这个规定，则检测框标注准确率为95%。

3 **什么是标签标注准确率?**

标签标注准确率是指被标注目标的数据标签的准确率，其计算公式为

标签标注准确率＝正确的标签数÷标签总数×100%

例如，100张猫脸图片所对应的数据标签中，有95张被正确地赋予了"猫脸"的数据标签，则标签标注准确率为95%。

4 **什么是文本转写准确率?**

文本转写准确率是指在产品字符的标注中对文本进行转写的准确率。

5 **数据标注的质量管理方法有哪些?**

数据质量是数据的生命线，没有高质量的数据，一切数据分析、数据挖掘、数据应用的效果都会大打折扣。常规的质量管理方法包括自检、交叉检查、审核员审查、抽审、数据验收。

（1）自检：要求标注员对自己的标注结果进行审查并对出现的错误进行修改。

（2）交叉检查：标注员对其他同事的标注结果进行审查，适时修改错误并补充遗漏的标注。

（3）审核员审查：审核员根据服务要求审核已标注的数据，完成数据校对和数据统计。若审核不通过，有时候由审核员适时修改错误并补充遗漏的标注，有时候直接打回标注员重新进行标注。

（4）抽审：由审核员或项目经理对数据进行更为严苛的质检，按比例抽审已标注的数据。

（5）数据验收：通常安排项目经理和客户两道验收。

（四）能力训练

对职业能力4-2-1中采集好的螺栓、螺母图片进行标注。

（一）操作条件

本操作需要使用计算机和深度学习图形化工具"小信"。

（二）操作过程

操作步骤及对应的质量标准如表4-2-3所示。

表4-2-3 操作步骤及其质量标准

序号	步骤	质量标准
1	打开深度学习图形化工具"小信"	可以顺利打开深度学习图形化工具"小信"
2	开始标注	标注框范围正确,标签准确
3	自检	能够独立检查自己的标注有无错误
4	审核数据	能够独立检查其他同学的标注结果有无错误
5	关闭深度学习图形化工具"小信"	关闭深度学习图形化工具"小信",将计算机正常关机,整理桌面

操作步骤详解如下。

▶ 步骤1 打开深度学习图形化工具"小信"

在桌面上打开深度学习图形化工具"小信",或者找到"小信"的安装目录,双击"main.bat"打开软件,切记不要关闭后台运行的cmd窗口。

▶ 步骤2 开始标注

单击"开始标注"按钮,打开标注软件。

单击"打开文件夹"按钮,选择职业能力4-2-1中已经放入螺栓、螺母图片的文件夹"螺栓螺母分类实验",将标注后的文件放在该文件夹内。

按下快捷键W开始标注,标签分别为"螺栓""螺母"。

依次标注完成60张分类图片。

▶ 步骤3 自检

当图片全部标注完成后,需要检查标注是否有误。若标注内容有误,可能会影响最终生成模型的效果。

自检分为两步,第一步是打开"螺栓螺母分类实验"文件夹,检查每一个样本图片文件是否都有对应的标注文件,如果标注文件数量比图片文件数量少,则说明有图片未进行标注。

第二步是在标注软件里操作,检查是否有标注框不贴合、缺少标签、标签错误等问题。按下快捷键A打开前一张图片(或按下快捷键D,打开后一张图片),逐张核对图片。

▶ 步骤4 审核数据

请两两一组,互相审核对方标注的数据,适时修改错误并补充遗漏的标注,执行审核员的角色。

规定标注框的像素点与被标注目标的边缘像素点的偏差不超过5像素为正确标注,统计对方的检测框标注准确率;统计对方的标签标注准确率。

▶ 步骤5 关闭深度学习图形化工具"小信"

关闭深度学习图形化工具"小信",关闭计算机,整理桌面。

问题　进行图片标注时，该怎么标注被遮挡的物体呢？

提示：为提高模型的通用性和识别准确率，很多遮挡目标也需要能被模型检测识别出来。因此，在标注时，不能仅标注完整可见的目标，对被遮挡的、人眼可见与可分辨的目标也要进行标注。被遮挡的目标如图 4-2-10 所示。

这种情况需要根据具体的业务规则进行处理，一般需要遵循如下原则。

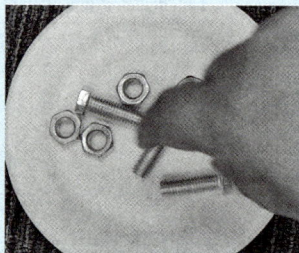

图 4-2-10　被遮挡的目标

（1）一般认为，人眼可以识别出的目标的遮挡面积应小于 20%～40%，即人眼可视面积为 60%～80% 的时候，需要进行标注。

（2）对被遮挡的目标，标注时只需要标注可见部分（请思考为什么）。

（三）学习结果评价

请将学习结果评价填入表 4-2-4 中。

表 4-2-4　学习结果评价

序号	评价内容	评价标准	评价结果（是/否）
1	图片标注质量标准和常见错误	能说出图片标注的质量标准；可以明确说出标注框不贴合、缺少标签、标签错误三类错误，并能在实际案例中加以区别；可以举例说明指令误解和认知偏差	
2	检测框标注准确率、标签标注准确率、文本转写准确率的概念	能说出相应概念及其计算方法	
3	不同种类的产品样本图片标注	能独立标注完成 60 张产品样本图片并进行检查	
4	数据标注质量管理	能根据要求对标注结果进行自查，自查后的准确率不低于 95%；会对他人的标注结果进行交叉检查和审查，会计算准确率	

五　拓展阅读

1　在数据标注行业中，有几种主流的项目运营形式？

数据标注行业经过多年发展，在项目运营上逐渐形成了四种主流的形式：供应商转包模式、众包模式、自建团队模式、自建＋转包混合模式。

（1）供应商转包模式。供应商转包模式是指平台接到客户订单后，将项目分发给合作的供应商来执行。这种模式的优势是项目风险较小且现金流动较少；劣势是质量不可控，因为标注数据是远程监控标注员每天的工作状态，信息链过长，所以质量很难保证。

（2）众包模式。众包模式是将零散的个人（包括兼职）、小标注团队整合到平台上，完成一个完整项目的服务模式。这种模式的主要优势成本很低且比较灵活；劣势是质量难以保证，并且为了保留活跃用户，现金压力很大。

（3）自建团队模式。自建团队模式是指平台建立直属的标注团队，使用统一管理的方式，由内部人员完成从试标到标注再到审核的全过程。这种模式的优势是团队好管理，工期可控且质量有保证；劣势是管理成本过高，很多企业很难承受。

（4）自建＋转包混合模式。自建＋转包混合模式是指通过保有一定量的自建团队，主要做利润高、需求难、周期长的项目，其余项目统一外包给其他供应商进行标注，自建团队负责审核工作。这种模式的优势是比较灵活，劣势是客户的信任度会降低，大部分客户反感项目转包。

在目前的数据标注市场中，转包和众包是比较常见的两种模式。但是随着客户在数据质量、数据安全性上提出了更高的要求，自建标注团队可以更好地契合客户的要求，是未来数据标注行业的主要发展方向。

2 在数据标注企业中，怎么对数据标注进行项目管理和质量管理？

以金山云 37℃Data 数据服务平台为例，为了充分保障数据采集和标注的质量，该公司成立了专门的数据验收部门，以确保数据验收等人员的专业性、稳定性和及时性。验收部门在语音标注、图片标注、文本标注等不同的业务场景中都有丰富的经验沉淀，所有数据出库交付前均需要验收团队进行严格的验收。

通过矩阵式项目管理架构，由项目经理和数据验收部门对数据的质量采取双重有效的管控。项目经理负责项目顺利执行和数据质检，验收部门负责项目出库验收。从项目需求解读到合格数据交付，形成一套完备的质量管理体系。

在项目管理过程中，完整的数据验收流程如下。

（1）项目团队组建。每个项目立项，均成立对应项目组。项目总监根据实际项目需求，安排项目经理和验收经理，共同组建成项目团队。项目经理负责数据质检，质量经理负责数据出库验收。

（2）项目需求解读。由项目经理组织项目组成员共同进行需求解读。项目经理、质量经理、售前经理三方针对客户需求进行解读，充分协商沟通，保障对客户需求理解的正确性。

（3）验收标准确认。根据项目实际需求与通用质检点结合，质量经理和项目经理共同制定数据验收标准，并与客户确认，确保验收标准的准确性和一致性。

（4）验收方案确认。质量经理根据项目实际需求对项目量身制订验收方案，包含验收计划制订、验收人员配置、验收工具准备等子方案。

（5）标注团队培训。验收方案确认后，由项目经理对标注团队进行充分培训。培训完成后，由标注团队进行试标，项目经理和质量经理对试标结果进行确认，如合格则开始数据批量标注。

在质量管理过程中，由质量经理对内部验收员进行培训，保障每个验收员对数据验收标准充分掌握。

（1）多轮次质检验收。在项目实施过程中，该公司会进行多轮次质量检查，分为标注团队自检—项目经理质检—验收团队验收。

项目组每完成一批数据，均采用多轮质检方式。从数据样例制作、数据试产、数据量产、数据处理等环节深度介入，有效避免数据生产过程中的质量风险，保障所有数据合格交付。

（2）验收能力沉淀。质量团队通过总结不同类型的数据标准，沉淀出语音、图像、文本等各业务场景中的通用验收标准。

课后作业

职业能力编号：_____

班级：_____ 姓名：_____ 日期：_____

请指出图4-2-11中的标注错误。

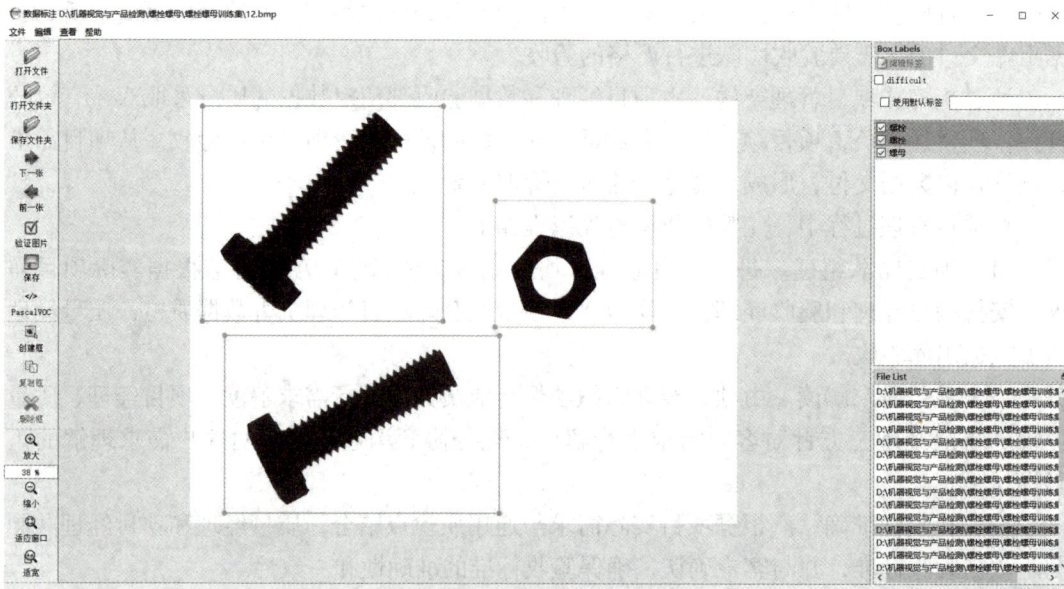

图 4-2-11 图片标注结果示例

任务 4-3 训练和部署产品分类模型

职业能力 4-3-1
能训练产品分类模型

一 核心概念

1 显卡

显卡是计算机的一个重要组成部分，承担输出显示图形的任务，负责将图像渲染到显示终端。一般来说，显卡越好，生成的图像就越好、越流畅。这对于游戏玩家和视频编辑者来说自然非常重要。显卡也被称为显卡加速卡。

2 显卡和GPU的区别

在日常生活中，显卡和GPU这两个词有时候并不加以区分。严格地说，GPU是显卡中的显示核心。除了GPU以外，显卡还包括PCB板、显存、供电及散热系统的模块。显卡和其核心的GPU如图4-3-1所示。

图4-3-1　显卡和其核心的GPU

二　学习目标

- 说出 GPU 和显卡的概念及它们的区别。
- 说出 GPU 和 CPU 的区别。
- 概述深度学习使用 GPU 的原因。
- 能够独立训练产品分类模型。
- 能够设置不同参数对模型进行训练，并生成不同的产品分类模型。

三　基本知识

1　GPU 和 CPU 有什么不同？

CPU（central processing unit，中央处理器）是计算机系统的运算和控制核心，是信息处理、程序运行的最终执行单元。

简单地说，GPU 和 CPU 的区别在于：CPU 适合逻辑复杂但运算量小的任务；而 GPU 适合运算量大但逻辑简单的任务。

通俗地理解，CPU 就像几个教授，可以处理复杂的计算问题；而 GPU 就像几千个小学生，只能做一些简单的加减乘除。教授处理复杂任务的能力是高于小学生的，但是面对没那么复杂的海量任务，教授的优势并不大。例如，像微分/积分这样的难题，教授可以解决，但是小学生解决不了；而十万道关于加减乘除的计算题，教授虽然能计算，但是不一定比几千个小学生算得快。

GPU 的大部分工作都是计算量大但没有什么技术含量的要重复很多次的工作，因此，GPU 需要用很多简单的计算单元去完成大量的计算任务，纯粹用"人海战术"来完成大量的重复性工作。例如，图形渲染要对图像上的每个像素点进行处理，而这些像素处理的过程和方式十分相似，计算量大但简单，适合使用 GPU 来进行计算。

2　深度学习为什么要使用 GPU 呢？

在职业能力 1-1-2 中，提到 GPU 在深度学习的模型训练中有着极大的优势。那么，深度学习为什么要使用 GPU 呢？

简单地说，深度学习多数涉及简单的加法和乘法，处理的过程和方式十分相似，属于计算量大的重复性工作，适合使用 GPU 来进行计算。使用 CPU 也可以进行矩阵运算，但是运算速度相对较慢，而 GPU 的特性使它更适用于深度学习的计算。

在对深度学习的模型训练时，使用 CPU 训练和使用 GPU 训练的计算速度有 1～2 个数量级的差异，而且模型参数越多，GPU 的优势越明显。

四　能力训练

设置不同的参数，独立训练出三个螺栓螺母检测模型。

（一）操作条件

本操作需要使用计算机和深度学习图形化工具"小信"。

（二）操作过程

操作步骤及对应的质量标准如表4-3-1所示。

表4-3-1　操作步骤及其质量标准

序号	步骤	质量标准
1	打开深度学习图形化工具"小信"	可以顺利打开深度学习图形化工具"小信"
2	开始训练	可以顺利开展训练，获得训练好的模型
3	改变参数	能够独立根据实际情况改变训练参数顺利开展训练，获得训练好的模型
4	关闭深度学习图形化工具"小信"	关闭深度学习图形化工具"小信"，关闭计算机，整理桌面

操作步骤详解如下。

▶ 步骤1　打开深度学习图形化工具"小信"

在桌面上打开深度学习图形化工具"小信"，或者找到"小信"的安装目录，双击"main.bat"打开软件，切记不要关闭后台运行的cmd窗口。

▶ 步骤2　开始训练

单击"选择训练图片目录"按钮，找到"螺栓螺母分类实验"文件夹目录下的"训练集"文件夹，并单击"选择文件夹"。

单击"设置参数"按钮，可以看到当前的参数，如图4-3-2所示。不修改任何参数，单击"开始训练"按钮，能看到软件下面的提示框内开始显示一些信息，这表示已经开始训练。

当迭代轮数达到一定数值后（如100轮），可以单击"结束训练"按钮。此时，打开"训练集\work_pa\train\weights"目录，其中有一个新生成的best.pt文件，这就是训练好的模型文件。

把best.pt文件重命名为"epoch100-lr000250-bs16.pt"。

▶ 步骤3　改变参数

尝试改变学习率和批大小这两个参数。例如，将学习率设置为"0.1"或"0.01"；将批大小设置为"2"或"8"。

重复以上步骤，获得新的模型。比较不同参数的训练时间。

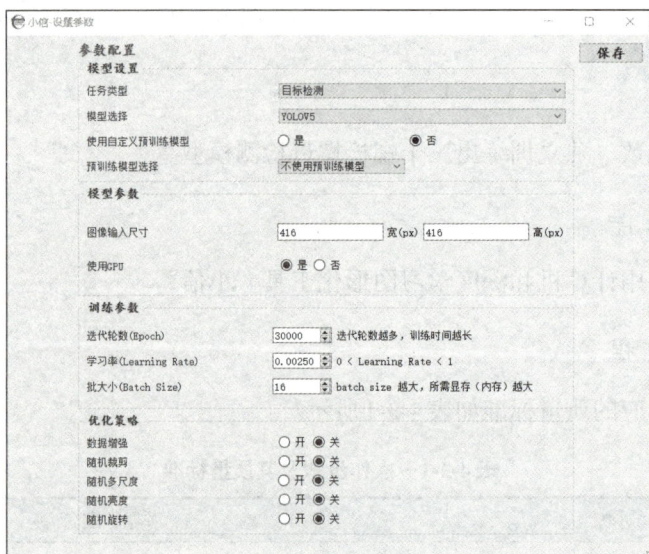

图4-3-2　参数信息

对新的模型文件进行重新命名，命名方式为"epoch100-lr（学习率）-bs（批大小）.pt"。

▶ 步骤4　关闭深度学习图形化工具"小信"

关闭深度学习图形化工具"小信"，关闭计算机，整理桌面。

☑ 问题情境

问题1　怎么通俗地理解参数批大小（batch_size）的作用呢？

在职业能力1-1-2小节中已学习过批大小的概念。批大小可以通俗地理解为每次进行训练的图片的张数。

batch_size的最小值是1，也就是每次送入1张图片进行训练；batch_size的最大值是整个数据集的样本数量，也就是每次送入整个数据集的所有图片进行训练。考虑到计算机内存设置和使用方式，batch_size的值一般选为2的 n 次方时，训练过程中的代码会运行得快一些。

例如，对于一个有2000个训练样本的数据集，batch_size的最小值是1，最大值是2000。若将2000个样本按125批划分，那么batch_size的值就是16，如图4-3-3所示。

以一个小时候经常玩的"贴鼻子"游戏为例来说明。如图4-3-4所示，蒙住眼睛的小朋友拿着"鼻子"要贴到黑板上的小丑鼻子的正确位置。由于他被蒙住了眼睛，需要他周围负责指挥的小朋友告诉他把鼻子往哪里移动，这个过程就是一个训练模型的过程。负责指挥的小朋友所给出的鼻子移动的方向和数值就是训练的数据。

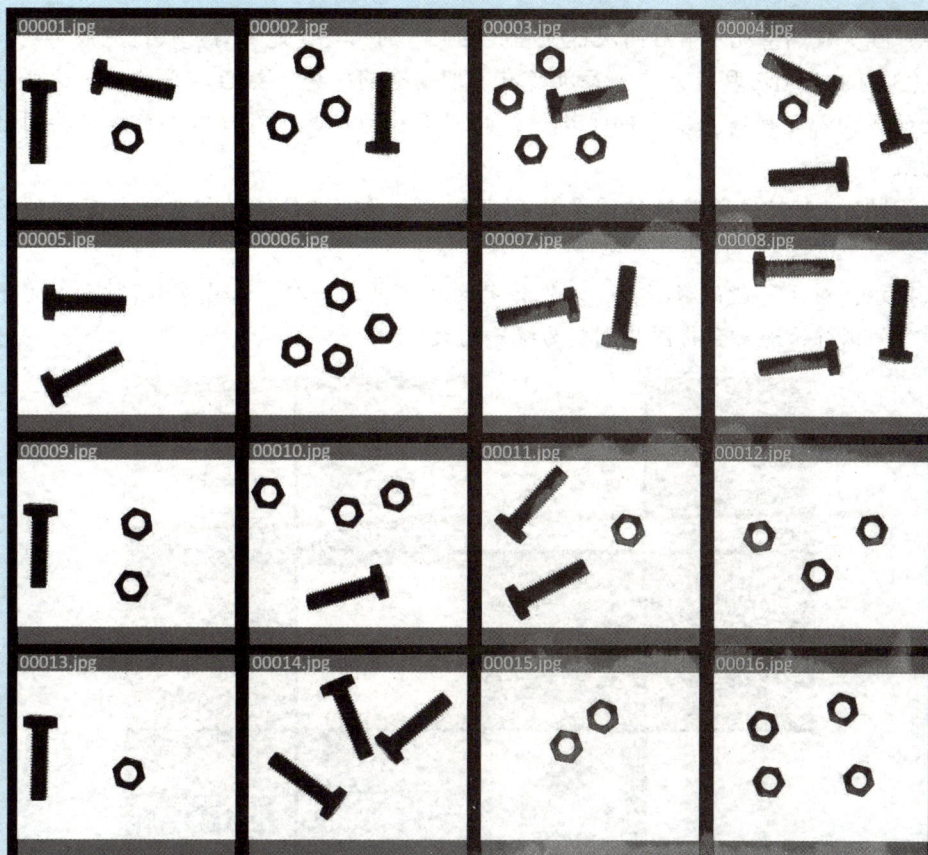

图4-3-3　batch_size 为16，一次送入16张图片进行训练

假设小明是负责贴鼻子的小朋友，A、B、C、D是负责指挥的小朋友。由于每个小朋友站的位置各不相同，他们对鼻子位置的观察也各不相同。训练模型的过程可以取多种batch_size。

（1）batch_size取最小值1，也就是每次随机询问一个小朋友，告诉小明每次的移动方式。由于观察的角度不一样，每个小朋友给出的数据是不一样的，A说向左2cm，B说向左4cm，C说向右5cm，D说向右3cm，这样每次指挥的差异都比较大，进步非常慢。

（2）batch_size取中间值，如每次随机询问两位小朋友，取询问的意见的平均值。例如，先问到A和C，A说向左2cm，C说向右5cm，那就取平均值，向右1.5cm。然后再问B和D。

图4-3-4　"贴鼻子"游戏

215

这样可减少极端情况（前后两次迭代差异巨大）的出现，能更好更快地完成游戏。

（3）batch_size 取最大值，每次所有小朋友全问一遍，然后取平均值。这样每次移动的方向都是所有人决定的平均值，向哪里移动就是所有样本（数据）共同给出的结果。

问题 2　有时候所获得的图像的尺寸会不一样，这种情况需要进行怎样的预处理呢？

提示：对于一般的数据集，其图像的大小可能不一样，如图 4-3-5 所示。为了方便模型的训练，通常会将图片调整为统一的大小。

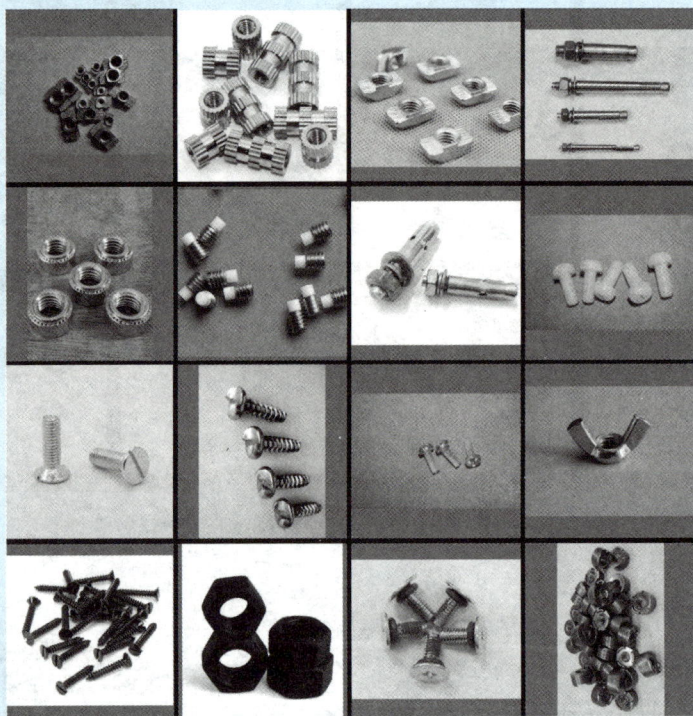

图 4-3-5　数据集中大小不一的图像

在深度学习图形化工具"小信"中的"设置参数/模型参数"中，有一个参数是"图像输入尺寸"，可将所有图像都调整为同样的大小。在"小信"中采用的方法是先比较长边和短边，将长边调整到目标值，短边按同比例缩放，剩余的位置用纯色块填充。

例如，在目前使用的参数设置中，"图像输入尺寸"为宽"416px"、高"416px"，就是指将所有的图像都调整为统一的宽和高均为 416 像素的尺寸。

（三）学习结果评价

请将学习结果评价填入表 4-3-2 中。

表4-3-2　学习结果评价

序号	评价内容	评价标准	评价结果（是/否）
1	GPU和显卡	能正确区分GPU和显卡	
2	GPU和CPU	能简单描述GPU和CPU的区别	
3	深度学习使用GPU的原因	能简单说明深度学习使用GPU的原因	
4	分类模型训练	可以独立开始训练，生成训练模型，并能够独立修改参数，生成不同的分类模型	

五 拓展阅读

近年来，国内GPU芯片强势崛起，涌现出一大批国产GPU芯片。它们在性能方面达到世界先进水平，并且能满足人工智能技术的诸多特定需求，可望替代国外同类产品，凸显出国产芯片技术的快速进展。例如，壁仞科技推出通用GPU芯片BR100，它的单芯片算力曾打破全球通用GPU芯片的算力纪录；天数智芯推出了国内首款云端推理GPU芯片智铠100；瀚博半导体推出国产首款应用于元宇宙的GPU芯片。这些不同类型的GPU芯片以强大的算力证明了国内芯片行业从业者在技术方面的实力，他们有足够的能力开发出具有全球先进水平的GPU芯片，来替代国外同类的高端GPU芯片。

国产GPU芯片开始深入细分领域，通过专业专注的方式为不同行业开发出专用的GPU芯片，这样的专业芯片可以为相应的行业提供更充分的优化方案，从而满足细分行业对特定技术的需求。

课后作业

职业能力编号：_____

班级：_____　　姓名：_____　　日期：_____

某人工智能算法比赛的数据集分为训练集和测试集，其中训练集包含50000张图片，测试集包含300000张图像。在测试集中，10000张图片将被用于评估，而剩下的290000张图片将不会被进行评估，它们的存在只是为了防止手动标注测试集并提交标注结果。如果将训练集分成3125个批次，那么参数batch_size为多少？

职业能力 4-3-2
能在本地部署工业产品分类模型

一　核心概念

1　工控机

工控机全称为工业控制计算机，是专门为工业控制设计的计算机，可以将其简单理解为在工业环境下使用的计算机。由于工控机经常会在环境比较恶劣的环境下运行，对数据的安全性要求更高，所以工控机通常会进行加固、防尘、防潮、防腐蚀、防辐射等特殊设计。工控机示例如图 4-3-6 所示。

在工控机中增加 GPU，可以作为工业产品检测中的检测主机使用。当针对某个具体的项目训练好模型并在工控机中部署后，接入视频素材（摄像头或视频流）后，就可以利用模型进行工业产品检测。

工控机中可以安装 Windows 或 Linux 等操作系统。

2　边缘计算

边缘计算是指在网络边缘结点来存储、处理、分析数据。

3　边缘计算盒子

边缘计算盒子，顾名思义，就是一个可以进行边缘计算的小盒子。为了进行深度学习的边缘计算，在盒子里通常要配置一些 GPU 或其他算力。可以将边缘计算盒子简单理解为一个体积很小的配置了算力的专用计算机。边缘计算盒子示例如图 4-3-7 所示。

图 4-3-6　工控机示例

图 4-3-7　边缘计算盒子示例

在某些场合由于空间受限，不适合使用体积较大的工控机，这个时候边缘计算盒子就是一个很好的选择。

有些厂家会把已经训练好的模型部署在定制的边缘计算盒子中，自由调配组合使用算法，接入视频素材后就能进行智能分析。

边缘计算盒子中一般安装 Linux 操作系统。

二　学习目标

- 说出边缘计算的概念。
- 识别工控机和边缘计算盒子。
- 能分析模型训练和模型推理对硬件资源的不同需求。
- 能够独立完成部署模型的操作。
- 能评价一个模型的好坏，并能够评价自己训练出来模型的好坏。

三　基本知识

1　怎么实现边缘计算？

在我们日常使用的各种终端设备中，如手机、手表、摄像头、传感器和音箱等，都是网络边缘节点。这些终端设备可以直接在端侧实现计算能力，而无须将数据上传到云端进行处理和分析，也就是可以在网络边缘节点上进行存储和处理，这就是边缘计算。

边缘计算，不仅局限于消费电子设备，还有一些定制的设备也能很好地运用边缘计算。以工业检测为例，我们不需将图片数据上传到云端处理分析，只要在靠近检测需求的位置提供计算能力即可。"工控机 +GPU"、边缘计算盒子是工业检测中两类常用的边缘计算设备。

2　边缘计算和云计算有什么不同？

边缘计算的概念是相对于云计算而言的。云计算的处理方式是将所有数据上传至计算资源集中的云端数据中心或服务器处理，任何需要访问该信息的请求都必须上传到云端处理。边缘计算不需要将数据上传到云端，节约了数据传输的时间。比起基于云的应用，边缘计算具有低时延的特点，非常适合需要现场实时解决问题的场景。

3　模型训练和模型推理对于硬件资源有什么不同的需求？

在职业能力 3-3-2 中，学习过训练对算力的需求非常大，而推理对算力的需求相对较小。例如，训练一个可以识别猫的图片的模型需要导入大量的数据，进行多轮迭代，消耗大量的算力资源和时间。但是给出一张全新的图片，让已经训练过的模型来推理判断这张图片中是否有猫，需要的算力则要小得多。这就像学习一个新知识，一开始要耗费大量的精力进行学习，一旦学会之后，再遇到同类问题就可以比较轻松地解决。

因此，训练好模型后（也就是获得best.pt文件后），部署模型并进行推理时，所需要的硬件资源也会少很多，不需要配置算力很高的GPU。在实际的工业检测中，会把模型部署在工控机或者边缘计算盒子中，外接视频素材就可以利用模型完成工业检测。

（四）能力训练

假设把计算机视为工控机，在此工控机上部署职业能力4-3-1中训练的模型，对模型进行测试，并与产品分类的系统环境连接，对螺栓、螺母进行分类检测。

（一）操作条件

本操作需要使用计算机和深度学习图形化工具"小信"。

（二）操作过程

操作步骤及对应的质量标准如表4-3-3所示。

表4-3-3　操作步骤及其质量标准

序号	步骤	质量标准
1	打开深度学习图形化工具"小信"	可以顺利打开深度学习图形化工具"小信"
2	对模型进行三次测试并记录测试结果	可以顺利开展测试，并能够记录测试结果、计算出检出率
3	选出最优模型	能够对模型进行评估，并选出最优模型
4	应用最优模型对螺栓、螺母实物进行检测	能够对模型进行本地部署，并对实物进行检测，计算检出率
5	关闭深度学习图形化工具"小信"	关闭深度学习图形化工具"小信"，关闭计算机，整理桌面

操作步骤详解如下。

▶ 步骤1　打开深度学习图形化工具"小信"

在桌面上打开深度学习图形化工具"小信"，或者找到"小信"的安装目录，双击"main.bat"打开软件，切记不要关闭后台运行的cmd窗口。

▶ 步骤2　对模型进行三次测试并记录测试结果

找到best.pt模型文件（已进行重命名）。

单击"开始测试"按钮，找到"螺栓螺母实验"文件夹目录下的"测试集"文件夹，并单击"选择文件夹"按钮后程序自动开始进行测试。

执行完成后在"测试集"文件夹目录下会生成一个"out"文件夹，打开该文件夹查看测试结果。

将测试结果记录在表4-3-4中。

表4-3-4 测试传导记录表（模型一）

序号	螺母是否检出	螺栓是否检出
1		
2		
3		
4		
5		
6		
7		
8		
9		
10		
11		
12		
检出率（检出数/12×100%）		

将刚刚测试使用过的模型文件拖到其他地方存放。对第二个模型文件重复以上步骤，再次进行测试，用表4-3-5记录测试结果。

表4-3-5 测试传导记录表（模型二）

序号	螺母是否检出	螺栓是否检出
1		
2		
3		
4		
5		
6		
7		
8		
9		
10		
11		
12		
检出率（检出数/12×100%）		

按照上面的步骤，用表4-3-6记录第三个模型的测试结果。

表4-3-6　测试传导记录表（模型三）

序号	螺母是否检出	螺栓是否检出
1		
2		
3		
4		
5		
6		
7		
8		
9		
10		
11		
12		
检出率（检出数/12×100%）		

把其他人测试集里的图片复制到自己的计算机中，用自己的模型检测其他人的图片并观察检测效果。

▶ **步骤3**　选出最优模型

分析以上模型的检出率，得出最优模型。如有必要，根据检测结果重新优化模型。

▶ **步骤4**　应用最优模型对螺栓、螺母实物进行检测

将优化后的模型装入螺栓、螺母分类检测实验台主机上，打开深度学习图形化工具"小信"，单击"打开视频"按钮，放上螺栓、螺母，观察软件能否正确识别并准确分类。

▶ **步骤5**　关闭深度学习图形化工具"小信"

关闭深度学习图形化工具"小信"，关闭计算机，整理桌面。

🔧 **问题情境**

　　问题1　在步骤4中，手动放上螺栓、螺母进行分类检测，这样似乎很麻烦，在实际的工业场景中是怎么操作的呢？

　　提示：手动放料称为手动上下料；自动放料称为自动上下料。

　　在职业能力4-1-2中，了解过流水线传送带、串联机器人、并联机器人等设备。在实际的工业场景中，可以使用这些设备进行自动上下料。

问题 2　在工业检测中，把模型部署在云端有什么优缺点？

提示： 云端部署的优点是可以进行集中式托管、有网络即可接入、无须搭建环境、通过 API 调用，非常便捷。但是，云端部署也存在很多问题，最重要的是延时和数据安全问题。

首先，数据上传到云端有一个过程，这会造成一定的延时，而在工业产品检测环境中通常需要设备能做到快速响应，这时边缘计算的优势更为明显。

其次，在实际生产当中企业并不喜欢联网的方式，将数据联网存在数据泄露的风险，也存在因受到网络攻击而造成设备故障的风险。

最后，网络稳定性、流量带宽成本也是需要考虑的问题。因此很多项目的真正落地都是通过端侧部署，这样更加实时、稳定、可控。

（三）学习结果评价

请将学习结果评价填入表 4-3-7 中。

表 4-3-7　学习结果评价

序号	评价内容	评价标准	评价结果（是/否）
1	边缘计算	能说出边缘计算的概念	
2	工控机和边缘计算盒子	能识别工控机和边缘计算盒子	
3	模型训练和模型推理对硬件资源的需求	能说出模型训练和模型推理对硬件资源的需求不同之处	
4	模型部署	能独立使用自己训练出来的模型进行图片测试	

五 拓展阅读

边缘计算作为一种分布式网络基础设施方法，使数据能够在更接近其来源的地方进行处理和分析，这对物联网、人工智能和大数据分析等领域都有着巨大的价值。边缘计算盒子就是顺应了这一趋势火爆起来的人工智能产品。作为一款具备一定人工智能能力的轻量级边缘计算设备，边缘计算盒子能够就近为端侧提供算力支持，其计算性能大大提升，且时延降低、带宽利用率更高，安全性、实时性都更好。

看到了边缘计算盒子的市场潜力，比特大陆、飞腾等国产厂商纷纷入局，通过主控CPU＋AI加速芯片的组合，满足边缘计算场景多样化的算力需求。

以比特大陆算丰为例，其同国内主流国产自主CPU、操作系统、国产服务器、人工智能开发框架皆完成适配与互认证，实现了自主创新国产生态闭环。比特大陆的边缘计算盒子算丰SE5是一款高性能、低功耗边缘计算产品，搭载比特大陆自主研发的第三代TPU芯片BM1684，INT8算力高达17.6TPOS，可同时处理16路高清视频，支持38路1080像素高清视频硬件解码与2路编码，可以广泛用于人脸布控、视频结构化、人员通行、迎宾系统、智慧交通、地铁按键、智慧支付、智慧餐台等场景。

课后作业

职业能力编号：_____

班级：_____　　　姓名：_____　　　日期：_____

1．选择题：以下设备中，哪个是工控机？（　　　）

A.

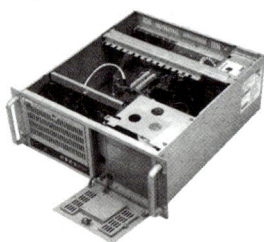

B.

C.

D.

2．判断题：由于模型推理的工作环境非常复杂，因此其所需要的硬件资源比模型训练要高。　　　　　　　　　　　　　　　　　　　　　　　（　　　）

主要参考文献

陈工孟，俞仲文，田钧，2021．人工智能应用概论［M］．北京：高等教育出版社．

大卫·福赛斯，2021．机器学习：应用视角［M］．常虹，王树徽，庄福振，等译．北京：机械工业出版社．

胡晓武，秦婷婷，李超，等，2020．智能之门：神经网络与深度学习入门（基于Python的实现）［M］．北京：高等教育出版社．

雷明，2019．机器学习：原理、算法与应用［M］．北京：清华大学出版社．

刘鹏，张燕，2019．数据标注工程［M］．北京：清华大学出版社．

刘树春，贺盼，马建奇，等，2021．深度实践OCR：基于深度学习的文字识别［M］．北京：机械工业出版社．

瀧雅人，2020．深度学习入门［M］．杨秋香，王卫兵，等译．北京：机械工业出版社．

王东，利节，许莎，2019．人工智能［M］．北京：清华大学出版社．